"十四五"时期国家重点出版物出版专项规划项目

中国城乡可持续建设文库

丛书主编 孟建民 李保峰

Research on Land Saving Technology and Mode of Pumped Storage Power Station
Taking Guangdong Province As an Example

抽水蓄能电站
节地技术和模式研究

以广东省为例

谭亮 著

U0344921

华中科技大学出版社
http://press.hust.edu.cn
中国·武汉

内 容 简 介

　　抽水蓄能电站是当前技术最成熟、经济性最优、最具大规模开发条件的电力系统绿色低碳清洁灵活调节电源。相比普通水电站，其占地规模总体偏大，与用地标准约束间的矛盾日益凸显。本书深入分析广东省14座抽水蓄能电站用地规模影响因素，归纳总结抽水蓄能电站设计和建设中的经验，提出关键节地技术和要求，为抽水蓄能电站工程的项目法人、审批单位、设计单位、施工单位等提供经验借鉴。

图书在版编目（CIP）数据

　　抽水蓄能电站节地技术和模式研究：以广东省为例/谭亮著. -- 武汉：华中科技大学出版社，2024. 10. -- ISBN 978-7-5772-1256-2

　　Ⅰ. TV743

　　中国国家版本馆CIP数据核字第2024EG0338号

抽水蓄能电站节地技术和模式研究——以广东省为例　　　　　　　　　　谭　亮　著
Choushui Xuneng Dianzhan Jiedi Jishu he Moshi Yanjiu——yi Guangdong Sheng Wei Li

策划编辑：段园园
责任编辑：易文凯
封面设计：王　娜
责任校对：刘　竣
责任监印：朱　玢
出版发行：华中科技大学出版社(中国·武汉)　　　　电话：(027)81321913
　　　　　武汉市东湖新技术开发区华工科技园　　　邮编：　430223
录　　排：华中科技大学惠友文印中心
印　　刷：武汉市洪林印务有限公司
开　　本：710mm×1000mm　1/16
印　　张：12.5
字　　数：209千字
版　　次：2024年10月第1版第1次印刷
定　　价：68.00元

本书若有印装质量问题，请向出版社营销中心调换
全国免费服务热线：　400-6679-118　竭诚为您服务
版权所有　侵权必究

编 委 会

主　编　谭　亮

副主编　郭建设　袁鹰　陈坤城　韩智娟　张卉芬
　　　　胡智毅　叶进龙

编　委　（按汉语拼音排序）
　　　　陈　慧　陈　凯　简文娟　赖雪梅　李贵博
　　　　李　琼　李宇星　刘泽戈　罗泯勇　潘　伟
　　　　田光明　谭海劲　汪　园　王保增　王　彪
　　　　王旭鹏　吴新平　肖宇晨　杨冰洁　杨会娟
　　　　阳福英　叶志辉　张明发　张　雪　郑楠炯
　　　　周冬梅

前　言

　　抽水蓄能是当前技术最成熟、经济性最优、最具大规模开发条件的电力系统绿色低碳清洁灵活调节电源，与风电、太阳能发电、核电、火电等配合效果较好。为应对全球气候变化，加快发展抽水蓄能是实现碳达峰、碳中和目标的重要举措，是构建以新能源为主体的新型电力系统的迫切要求，是保障电力系统安全稳定运行的重要支撑，是可再生能源大规模发展的重要保障。我国抽水蓄能发展始于20世纪60年代后期，随着我国经济和社会的快速发展，国内已建成广州、惠州、清远、深圳、阳江、梅州、泰安、白莲河、西龙池、仙居、丰宁、长龙山、敦化等一批具有世界先进水平的抽水蓄能电站，目前我国已形成较为完备的抽水蓄能电站规划、设计、建设、运行管理体系。

　　虽然抽水蓄能电站对于保障电力系统安全稳定运行具有重要意义，但相比普通水电站，抽水蓄能电站占地规模总体偏大。据不完全统计，以1200 MW抽水蓄能电站为例，我国目前已完工、在建及可研阶段的抽水蓄能电站平均占地规模为245～267 hm^2。广东省抽水蓄能电站共有14个，总用地面积3763.40 hm^2，平均占地面积约为268.81 hm^2。

　　近年来，党中央、国务院高度重视节约集约用地工作，明确提出强化节地标准建设，实行最严格的节约集约用地制度，先后颁布了一系列节地政策。2004年国务院印发《关于深化改革严格土地管理的决定》（国发〔2004〕28号），把节约用地放在首位，并提出制定和实施新的土地使用标准。2014年《节约集约利用土地规定》（国土资源部令第61号）提出，"国家和地方尚未出台建设项目用地控制标准的建设项目，或者因安全生产、特殊工艺、地形地貌等原因，确实需要超标准建设的项目，县级以上自然资源主管部门应当组织开展建设项目用地评价，并将其作为建设用地供应的依据。"2021年自然资源部办公厅印发《自然资源部办公厅关于规范开展建设项目节地评价工作的通知》（自然资办发〔2021〕14号），进一步强调节约集约用地的重要意义。2023年，《自然资源部办公厅关于印发〈节约集约用地论证分析专章编制与审查工作指南（试行）〉的通知》（自然资办函〔2023〕473号）进一步规范了节约集约用地论证分析专章的编制内容和审查要求。因此，抽水蓄能电站工程建设的用地规模也受到相应的控制和约束，以往工程建设及管理所须的用地规模已经难以符合新形势下节约集约用地要求。

目前，有关抽水蓄能电站的国家、行业标准和建设规范中尚未明确规定土地使用标准，在节地分析与评价中，只能参考相关行业的标准进行评判或者按照实际建设内容详细核算用地规模。但抽水蓄能电站项目用地存在其特殊性，其他行业的标准并不能完全适用。所以，受抽水蓄能电站项目用地标准缺失、节地审查主观性较强以及工程建成后场地利用效率低等因素的影响，节地评价专题论证难度大，节地审查通过难度大，用地预审周期长，不利于抽水蓄能电站前期工作的推进及长远发展。

因此，为了研究和解决在节约集约背景下抽水蓄能电站工程建设与用地的标准缺失及相关行业的标准不适用问题，合理确定抽水蓄能电站工程建设用地标准，提高项目用地效率十分必要。本书在对广东省各工程项目进行充分调研的基础上，深入分析影响抽水蓄能电站各功能区项目用地规模的因素，归纳总结现有政策框架下抽水蓄能电站项目的节地设计技术，同时借鉴相关行业的节地技术，提出抽水蓄能电站设计的关键节地技术和要求，以便更好地指导抽水蓄能电站工程设计工作，减少工程建设对土地资源过度占用的情况，达到节约集约用地的目标。

本书分析对比广东省内外抽水蓄能电站工程设计及用地设计技术，基于当前

"双碳"目标下抽水蓄能电站发展前景及节地有关政策要求，总结本行业或借鉴其他行业技术经验，通过实际设计方案对比分析，提炼形成抽水蓄能电站工程节地设计技术和模式标准，以期促进本行业节约集约用地，为构建行业用地标准奠定理论基础。基于此，本书主要围绕以下几部分内容展开。

一是系统梳理抽水蓄能电站发展概况及前景。从抽水蓄能电站的工作原理、组成部分、作用、国内外发展史等方面对抽水蓄能电站进行全面的梳理，厘清抽水蓄能电站基本要点，同时通过对"双碳"政策、长期能源发展前景报告的研究，分析抽水蓄能电站对长期大规模可再生能源的支撑作用及需求，展望新形势下抽水蓄能电站的发展前景。

二是提炼总结抽水蓄能电站用地特点及困境。本书通过收集、梳理全国抽水蓄能电站相关数据，简要分析全国抽水蓄能电站用地情况，同时对广东省14个抽水蓄能电站的用地情况进行深入分析，总结提炼广东省抽水蓄能电站用地特点，并简要分析当前抽水蓄能电站建设面临的困境。

三是厘清新形势下节约集约用地的要求。对国家和广东省节约集约用地政策进行全面梳理和分析，在系统梳理节约集约政策实施背景及演化历程的基础上，从规划引导、计划调节、标准控制、市场配置、盘活利用、节地技术等方面，系统归纳节约集约用地政策制度体系的要点内容，并简要分析其对抽水蓄能电站项目用地可能产生的影响，同时从节地评价范围、节地评审论证原则、主要内容、审核程序、技术要点等方面深入分析工程建设项目开展节地评价的具体要求，为后续抽水蓄能电站节地技术设计、节地评价指标设定以及相关用地标准研究更贴合节地评价要求提供理论基础支撑。

四是系统阐述抽水蓄能电站工程设计过程，分析不同功能区项目用地规模影响因素。从正常蓄水位选择（电力系统需求分析、调节性能分析、装机容量选择、正常蓄水位方案拟定）、枢纽布置（库址和坝址选择、输水发电系统布置厂房开发方式选择、坝型选择、泄洪建筑物选择、水道系统布置、厂房系统布置、公路布置、管理区域布置）、施工总布置规划（施工分区规划与布置、料源选择与料场开采规划、施工工厂设施及施工营地规划、土石方平衡及渣场规划）三大方面及多个细分维度，系统阐述抽水蓄能电站工程设计关键技术，同时结合现有政策文件和规范体系，归纳总结抽水蓄能电站各工程建设用地范围的确定过程与方法，在此基础上，对抽水蓄能电站不同功能区项目用地规模影响因素进行定性分析，为后续更加有针对性地进行相关节地技术研究打下坚实基础。

五是归纳本行业并借鉴相关行业节地技术，提出抽水蓄能电站设计关键节地技术和要求。一方面对现有政策文件和规范体系下的抽水蓄能电站相应的节地设计技术进行归纳总结，并对其适用性及限制因素进行深入分析。另一方面借鉴相关行业关键节地技术，探索立体开发、复合利用、结构优化、地下空间利用等节地技术在抽水蓄能电站各功能区设计和建设中应用的可行性。结合归纳总结的节地技术及其适用条件，提出抽水蓄能电站设计关键节地技术和要求，为后续的标准化研究提供支撑。

广东省抽水蓄能电站节地难点如下。

一是新形势下抽水蓄能电站用地供需平衡难。近年来国家对建设用地规模和指标管控越来越严，抽水蓄能电站工程建设的用地规模也受相应的控制和约束，以往工程建设及管理所需的用地规模已经难以符合新形势下节约集约用地要求。因此，如何在符合节约集约用地政策要求的同时满足抽水蓄能电站的用地要求，成为新形势下抽水蓄能电站持续发展的一大难题。

二是抽水蓄能电站节地成效与投入成本平衡难。抽水蓄能电站项目往往涉及业主、政府、原权利人等多方主体，各方主体利益诉求差异大，相互平衡难度大。政府更多关注的是项目是否过多占用用地指标，业主则主要关注项目的成本投入及收益能否平衡，原权利人则更加关注自身权益能否得到有效保障。在项目博弈过程中，政府的节地诉求与业主的减少成本投入诉求往往存在冲突。通常情况下，项目节约土地越多，投资成本就越高。因此，如何在节约土地与减少成本投入二者之间找到一个平衡点，兼顾政府和业主的利益，是推动抽水蓄能电站项目顺利开展的关键难点。

三是抽水蓄能电站设计机理系统理顺难。抽水蓄能电站的功能区主要包括水库淹没区、坝区、永久道路、业主营地、开关站、交通洞、排风竖井等，不同功能区在设计过程中应考虑的因素多样复杂，且影响不同功能区设计的因素差异大，包括装机容量、发电水头、调节库容、距高比、坝型、地形地质条件、发电机组形式等。因此，如何系统归纳抽水蓄能电站各功能区用地影响因素，总结不同功能区用地设计过程及方法，系统阐述抽水蓄能电站不同功能区的设计机制，成为后续更有针对性地进行相关节地技术研究的核心难点。

四是抽水蓄能电站项目用地标准确定难。目前，有关抽水蓄能电站项目的国家、行业标准和建设规范中尚未明确规定土地使用标准，在节地分析与评价中，只能参考相关行业的标准进行评判。但抽水蓄能电站项目用地存在其特殊性，其他行业的标准并不能完全适用。因此，抽水蓄能电站项目用地标准的缺失及其用地的特殊性，导致其节地评价专题论证难度大，节地审查通过难度大，用地预审周期长，不利于抽水蓄能电站前期工作的推进及其长远发展。

解决广东省抽水蓄能电站节地难点的方法如下。

一是提升节约集约用地技术，缓解电站工程建设需求与用地标准约束间的矛盾。随着建设项目用地标准控制制度的实施，建设项目用地标准与抽水蓄能电站工程对建设用地规模需求特殊性之间的矛盾日益凸显，因此，本书结合新形势下节约集约用地要求及抽水蓄能电站用地特点，通过研究提升抽水蓄能电站工程节地设计技术，初探抽水蓄能电站节地评价指标，以期解决抽水蓄能电站工程项目节地评审专题论证难等问题，促进本行业节约集约用地。

二是多方案多角度综合比选，找到节约用地与减少成本投入的平衡点。抽水蓄能电站项目的各功能区的设计考虑因素众多，传统设计方法往往注重位置条件、地质条件、施工条件、投资成本等因素的比较，随着节约集约用地要求的深化，抽水蓄能电站的设计应将节约集约用地列为重要考量因素之一，再结合其他因素进行综合比选，尽量找到节约用地与减少成本投入的平衡点。

三是系统分析抽水蓄能电站不同功能区的设计过程，理顺抽水蓄能电站设计机理。本书按照不同的特性指标类型（如装机容量、发电水头、调节库容、距高比、坝型、地形地质条件、发电机组形式等）和不同的功能分区（如水库淹没区、坝区、永久道路、业主营地、开关站、交通洞、排风竖井等），定性探究各类特性指标对项目用地规模的影响，并详细论述抽水蓄能电站各功能区的设计过程及用地确定方法，为后续更加有针对性地进行相关节地技术研究打下坚实基础。

目 录

1 抽水蓄能电站发展概述   001
   1.1   抽水蓄能电站简介   002
   1.2   国内外抽水蓄能电站发展历史   013
   1.3   "双碳"目标下抽水蓄能电站发展前景   017
   1.4   水利水电工程节地技术相关研究综述   023

2 新形势下对节约集约用地的新要求   027
   2.1   政策背景与内容要点   028
   2.2   工程建设项目节约集约用地意义   036

3 抽水蓄能电站用地现状   041
   3.1   抽水蓄能电站典型工程用地情况   042
   3.2   广东省抽水蓄能电站用地特点   044
   3.3   抽水蓄能电站建设用地困境   046

4 抽水蓄能电站工程设计过程   047
   4.1   抽水蓄能电站工程设计关键技术简介   049
   4.2   工程建设用地范围设计   070

5 抽水蓄能电站建设用地节地技术和模式   077
   5.1   抽水蓄能电站项目用地规模影响因素分析   078
   5.2   抽水蓄能电站节地技术与模式借鉴   109

6 抽水蓄能电站节地技术应用及模式的初步探索   141
   6.1   应用研究对象情况简介   142
   6.2   主要节地技术的应用   145
   6.3   项目用地分析   167
   6.4   模式初探   168

7 总结与展望   169

7.1 抽水蓄能电站节地技术与模式   170
7.2 展望与建议   175

参考文献   177

名词注释   180

抽水蓄能电站发展概述

1.1 抽水蓄能电站简介

1.1.1 抽水蓄能电站工作原理

抽水蓄能电站有一个建在高处的上水库和一个建在电站下游的下水库，其工作原理是利用电力负荷低谷时的电能抽水至上水库，在电力负荷高峰期再放水至下水库发电。抽水蓄能电站的机组能起到作为一般水轮机的发电和作为水泵将下水库的水抽到上水库的作用。在电力系统的低谷负荷时，抽水蓄能电站的机组作为水泵运行，在上水库蓄水；在高峰负荷时，作为发电机组运行，利用上水库的蓄水发电并送到电网，见图1-1。

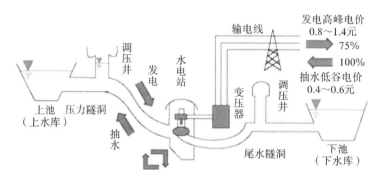

图1-1 抽水蓄能电站工作原理

抽水蓄能电站可将电网负荷低时的多余电能，转变为电网高峰时期的高价值电能，还适于调频、调相，稳定电力系统。

1.1.2 抽水蓄能电站组成

抽水蓄能电站的枢纽工程包括：上下水库、上下库坝、输水系统、厂房系统、场内道路等。

（1）上下水库。

上下水库是蓄存水的工程设施，电网负荷低谷时段可将下水库抽上来的水储存在上水库内，负荷高峰时段由上水库放水至下水库发电。

（2）上下库坝。

上下库坝是拦截水流的挡水建筑物，在抽水蓄能电站中，为使上下水库可达到规定容量的库容，需要在库盆低矮垭口位置新建大坝。根据站点站址的地形条件及正常蓄水位要求，除主坝外，还可能需要建设多座副坝。

（3）输水系统。

抽水蓄能电站的输水系统主要建筑物一般包括上水库进出水口及闸门井、引水隧洞、上游调压室、高压隧洞、高压岔管、引水支管、尾水支管、尾水岔管、尾水调压室、尾水隧洞、下水库进出水口及闸门井等。抽水蓄能电站的输水系统是电站枢纽的核心部分之一，与抽水蓄能电站安全、稳定运行密切相关。

（4）厂房系统。

抽水蓄能电站的厂房系统主要建筑物一般包括主副厂房、主变洞、尾水闸门室、交通洞、通风洞、高压电缆洞、地面开关站、排水廊道、自流排水洞等。厂房系统的洞室群布置较为灵活，加上与厂房关系较密切的高压岔管、引水支管、尾水支管和尾水岔管，以及洞室群施工需要的各个施工支洞，围绕抽水蓄能电站地下厂房的洞室群布置庞大而复杂。

（5）场内道路。

抽水蓄能电站的场内道路根据不同功能用途，可分为上下水库连接道路、上水库环库道路、下水库环库道路、进场道路及支线道路等。抽水蓄能电站常包含上、下两个距离和高差较大的水库，还有一套复杂的地下洞室群，故连接上下水库及抽水蓄能电站各洞室之间的交通也是枢纽布置中不可缺少的部分。此外，抽水蓄能电站部分洞室及建筑物布置在库边，需要修建环库道路将其连接；有些洞室及建筑物布置在距离水库较远的位置，需要修建支线道路将其连接。

抽水蓄能电站俯瞰图见图 1-2。

1.1.3 抽水蓄能枢纽工程设施简介

抽水蓄能电站枢纽工程设施主要包括上下水库大坝（主、副坝）、电站厂房、通风洞及排风竖井、交通洞、开关站、调压室、溢洪道、进/出水口、交通道路、业主营地等。

图1-2 抽水蓄能电站俯瞰图

（1）上下水库大坝。

为保障抽水蓄能电站的上下水库具备一定的库容，需要在地形缺口处新建大坝用于挡水。一般水库大坝由主坝和副坝组成，具体数量取决于站址的地形条件和正常蓄水位要求。

抽水蓄能电站大坝一般可分为混凝土坝和土石坝两大类。大坝选型根据坝址的自然条件、建筑材料、施工场地、导流、工期、造价等因素综合比较选定。

混凝土坝主要采用重力坝（见图1-3）。重力坝的优点是结构简单，施工较容易，耐久性好，适宜于在岩基上进行高坝建筑建设，便于设置泄洪建筑物。重力坝的水泥用量大，主要依靠坝体自重产生的抗滑力满足稳定性要求。

土石坝一般包括土坝、堆石坝、土石混合坝等，又称为当地材料坝（见图1-4）。土石坝具有可就地取材、节约水泥、对坝址地基条件要求较低等优点，一般由坝体、防渗体、排水体、护坡四部分组成。坝体是大坝的主要组成部分，坝体在水压力作用下主要靠坝体自重维持稳定；防渗体的主要作用是减少上游向下游的渗透水量，一般有心墙、斜墙、铺盖等；排水体的主要作用是引走上游渗向下游的渗透水，增强下游护坡的稳定性；护坡的主要作用是防止波浪、冰层、温度变化和雨水径流等对坝体的破坏。

（2）电站厂房。

抽水蓄能电站厂房多为地下厂房，仅有少部分为地上厂房，厂房内布置发电机

图1-3　重力坝

图1-4　土石坝

组，布置方式分为首部式、尾部式、中部式等，见图1-5。

当上水库与下水库之间的山坡逐渐倾斜且上下水库间水位差不太高时，可采用首部式布置。这种布置方式下高压的引水管道很短，可用尾水道代替压力管道，省去上游调压室，仅建尾水调压室，从而使工程造价大大降低。

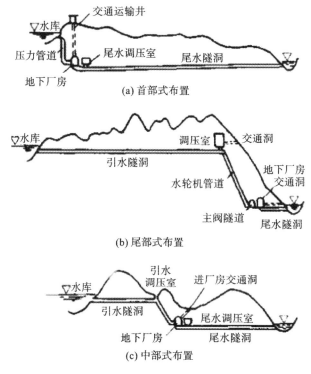

图1-5 抽水蓄能电站厂房布置

当抽水蓄能电站水头较高，上水库与下水库之间地势较高时，在上水库与下水库之间应设一段较长的引水道，并在引水道尾部设置调压室。由于厂房靠近下水库，所以电站称为尾部式布置抽水蓄能电站。这种布置方式造价也较低。

厂房在上水库与下水库之间的，称为中部式布置抽水蓄能电站。中部式布置抽水蓄能电站应设置两个调压室，一个是上游调压室，建在上水库引水道末端，直通大气；另一个是尾水调压室，建在尾水道靠厂房附近。中部式布置抽水蓄能电站是目前采用较多的布置方式。

（3）通风洞及排风竖井。

通风洞建设应以通风难度大的施工部位作为通风散烟的重点，合理分期规划布置通风散烟系统，适当设置排风竖井辅助通风，使洞室群内污浊空气按预定的通道排出洞外，新鲜空气不断补充进入，消除污浊空气在洞室群内滞留和相互串通的现象，确保地下洞室群有良好的施工环境。一般情况下，通风洞也会同时承担安全洞的功能。

（4）交通洞。

抽水蓄能电站的交通洞是地下厂房前期开挖施工出渣、机组设备运输以及后期建设单位运行管理车辆进出地下厂房的主要通道，一般布置于进场道路或下水库环库道路旁，便于前期施工及后期运行管理车辆进入地下厂房系统，见图1-6。

图1-6　交通洞

（5）开关站。

通过开关装置将电力系统（电网）及其用户的用电设备有选择地连接或切断的电力设施叫开关站，见图1-7。开关站的作用是分配高、中压电能。在抽水蓄能电站中，上水库的水经引水系统流入厂房，推动水轮发电机组产生电能，电能再经升压变压器、开关站和输电线路输入电网。

（6）调压室。

由于抽水蓄能电站的引水管道较长，当机组运行中突然出现甩负荷关闭导叶的情况时，由于水流的惯性作用，会出现很大的水锤效应，如无调压室，会击毁导叶和其他过流部件，损毁发电设备，因此在隧洞与压力管道交界处应设置调压室。从山体中开挖出来的用于调节水压作用的井式结构称为调压室，见图1-8。根据调压室设置位置的不同，抽水蓄能电站调压室一般可分为上游调压室和尾水调压室。

图1-7 开关站

图1-8 调压室

（7）溢洪道。

溢洪道是抽水蓄能电站防洪设施，多建在大坝的一侧，当水库里水位超过安全线时，水就从溢洪道向下游流出，防止水坝被毁坏，见图1-9。溢洪道是用于宣泄规划库容所不能容纳的洪水，保证坝体安全的开敞式或带有胸墙进水口的溢流泄洪建筑物。溢洪道一般不经常工作，但却是水库枢纽中的重要建筑物。溢洪道按泄洪标准和运用情况分为正常溢洪道和非常溢洪道，前者用于宣泄设计洪水，后者用于宣泄非常洪水。溢洪道按其所在位置分为河床式溢洪道和岸边溢洪道。

图1-9 溢洪道

（8）进/出水口。

抽水蓄能电站有抽水（水泵工况）和发电（水轮机工况）两种运行工况，水流是双向流动的。上水库在发电时为进水口，抽水时为出水口；下水库在发电时为出水口，抽水时为进水口，进/出水口施工现场见图1-10。

图1-10 进/出水口施工现场

（9）交通道路。

抽水蓄能电站包含两个距离和高差较大的水库、地下洞室群及各种永久枢纽建筑物。因此，根据抽水蓄能电站施工期的施工运输要求及运行管理期间电站内通行的实际需求，一般需要新建上下水库连接道路、水库环库道路及进场道路。此外，由于地形、地质条件等多种因素影响，部分永久建筑物无法通过上述道路连接，还需要为该建筑物另外新建支线道路。

（10）业主营地

业主营地是指在项目实施过程中，为了保障项目的顺利进行而建设的生活和办公场所。它不仅能够为项目建设人员提供一个安全、舒适的生活环境，还能够提高项目的运行效率和质量。

随着项目营地建设的不断发展，它的功能也越来越多样化，除满足住宿、餐饮、办公等基本功能外，还可以提供娱乐、健身、医疗等服务。这些服务功能不仅能够满足项目人员的生活需求，还能够提高他们的工作积极性和生活质量，见图1-11。

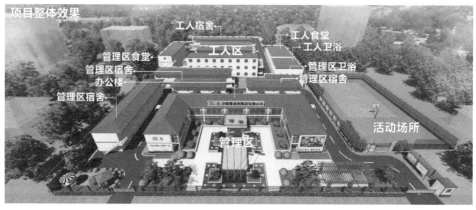

图1-11　业主营地

1.1.4　抽水蓄能电站的作用

抽水蓄能电站是电网电源结构与负荷需求发展到一定阶段的必然产物，更是电网安全可靠运行的有效管理工具，它具有改善和平衡电力系统负荷的能力，可以提高电力系统供电质量和经济效益。随着技术的发展和人民生活质量的提高，社会对电力系统的安全稳定和可靠性（如停电次数和停电时间）提出了更高的要求。抽水蓄能电站的主要作用如下。

（1）满足电力市场需求、保障经济持续快速发展。

抽水蓄能机组的特点是起停速度快、工况转换灵活，在电力系统调节和事故备用方面发挥着极其重要的作用。抽水蓄能电站通过削峰填谷、平滑负荷曲线、调频调相有效提高电网频率和电压稳定性，保证电能品质；在电网发生异常情况时紧急响应，保证电网的安全。这充分体现了抽水蓄能电站是电网的有效管理工具，其对电力系统的安全经济运行和事故备用都可以起到保障作用，提高了电网的可靠性。

对南方区域尤其是广东省而言，具有快速调节能力的水电机组的容量极为有限，建设和使用抽水蓄能电站，一是提高了电力系统调峰调频能力，二是提高了电力系统调压能力，三是增强了电网抗灾能力，成为抵抗电力系统事故的有效措施。

（2）提高电网安全稳定运行能力。

虽然在电力系统发生单一故障的情况下可不采取措施而保持稳定，但在发生直流双极闭锁等严重故障时，电力系统必须具备有效的稳定措施及事故应对手段；同时，西电东送采用以直流输电为主的送电方式，处于受端系统的广东电网的调相调压问题、无功平衡及电压稳定问题比较突出。从系统运行安全角度看，建设抽水蓄能电站是解决电网及联网系统安全稳定问题的有效措施，可为受端系统提供强有力的调相调压手段，是受端系统安全运行的重要保障。

（3）发挥调相功能。

春节、"五一"、国庆等重大节假日时，电力系统用电负荷减少造成全网无功富裕，从而导致电力系统电压升高，需要大型水电机组迟相运行吸收无功，确保电压稳定。

调相运行的目的是稳定电网电压，主要有两大运行方式：发出无功的调相运行和吸收无功的进相运行。抽水蓄能机组在设计上具有较强的调相功能，无论是在发电工况还是在抽水工况下，都可以实现调相和进相运行，并且可以在水轮机和水泵两种旋转方向上进行，灵活性更强。抽水蓄能机组对稳定系统电压的作用比常规水电机组更优。

（4）具备黑启动能力。

抽水蓄能电站能够作为电网黑启动的启动电源,发生停电事故时,能够自启动并带动全网恢复供电,大大减少电网停电时间。

(5)促进电力行业节能减排。

抽水蓄能电站可减少系统火电机组参与调峰启停的次数,使得火电机组出力过程平稳,提高机组负荷率并在高效区运行,降低机组的燃料和检修维护等费用,减少污染物排放,能够为燃煤电厂的降耗和环保带来巨大效益。按照我国节能发电调度原则,高效机组承担基荷,低效机组承担峰荷,目前两者的发电煤耗差在200 g/(kW·h)以上,即使抽水蓄能4 kW·h换成3 kW·h,抽水蓄能替代低效火电机组顶峰每千瓦·时可节约100 g标准煤。

抽水蓄能电站虽属于耗能电源,但其能够有效替代其他类型电源,改善系统内火电机组的运行条件,有效降低火电机组的煤耗率,从而有助于整个系统的节能。除此之外,发展一定规模的抽水蓄能电站替代火电机组还具有显著的环保效益,它不仅能减少硫化物、氮氧化物、粉尘及一氧化碳等的排放,还可减少冷却火电站排放的冷却水对河道水生物的不利影响,环境效益显著。

据初步估算,"十三五"期间电力系统建设了480 MW的抽水蓄能电站替代同等规模的燃煤机组,相应每年可减少二氧化碳排放量87.2万t、二氧化硫排放量0.56万t、氮氧化合物排放量1.31万t。可见,发展一定规模的抽水蓄能电站,能够减少电力系统化石燃料的消耗及其产生的环境污染,促进社会经济的可持续发展。

(6)推动能源绿色转型。

推动能源绿色转型是应对气候变化、实现可持续发展的必由之路。在新型电力系统中,抽水蓄能电站的调节、安全和储能三大作用将愈加重要和突出,是新型电力系统的不间断电源,是我国新能源发展和实现碳达峰、碳中和目标的有力支撑。抽水蓄能是可以实现百万千瓦级的储能方式,电站群同新能源等联合优化运行,通过规模化储能和发电,可实现能量时移和调剂余缺,提升系统对电能的时空优化配置能力,有效解决新能源在运行过程中的电力不稳定和丰枯矛盾问题,对于提高新能源消纳、保障电力系统大通道输出电力稳定等意义重大。

1.2 国内外抽水蓄能电站发展历史

1.2.1 国外抽水蓄能电站发展历史

国外抽水蓄能电站发展主要经历了以下四个阶段。

第一阶段（20世纪上半叶）：此阶段抽水蓄能电站发展较缓慢，主要以蓄水为目的，用于调节常规水电站发电的季节不平衡性，大多是汛期蓄水，枯水期发电。

第二阶段（20世纪60年代至20世纪80年代）：美国、西欧、日本等发达国家和地区陆续建造了大量核电站，带来了较大的调峰需求。为配合核电站运行，这一时期建设了较多的抽水蓄能电站，两者的建设近似保持同步的节拍，这一阶段是抽水蓄能电站蓬勃发展的时期，主要承担调峰和备用功能。

第三阶段（20世纪90年代至21世纪初）：抽水蓄能电站发展进入了成熟期，增长速度开始放缓；同时，天然气管网迅速发展，液化天然气（LNG）和液化石油气（LPG）电站快速增加，也挤占了部分抽水蓄能电站的发展空间。

第四阶段（21世纪初至今）：随着新能源的快速发展，抽水蓄能电站因其灵活调节的特性成为了保障风电、太阳能等不可控新能源发电的重要手段，抽水蓄能电站的规划建设又一次进入各国家决策者的视野，如美国、德国、法国、日本等国家都正在兴建或计划兴建一批抽水蓄能电站。国际可再生能源署（IRENA）的相关研究也反映了各国的抽水蓄能建设意向，IRENA在《电力储存与可再生能源：2030年的成本与市场》中提出，到2030年，抽水蓄能装机增长幅度为40%～50%。

1.2.2 国内抽水蓄能电站发展历史

（1）我国抽水蓄能电站发展。

我国抽水蓄能电站发展主要经历了以下三个阶段。

第一阶段（20世纪60年代至20世纪90年代）：该阶段为研究起步阶段，我国在20世纪60年代后期开始研究和开发抽水蓄能，并先后建成岗南（11MW）、密云（22MW）两座小型抽水蓄能电站。

第二阶段（20世纪90年代至21世纪初）：该阶段为引进发展阶段，为配合核电、火电运行及作为重点地区安保电源，华北、华东、华南等地区相继建成潘家口、十三陵、广蓄、天荒坪等一批抽水蓄能电站。该阶段的电站单机容量、装机规模已达到较高水平，但机组设计制造仍依赖进口。

第三阶段（21世纪初至今）：该阶段为自主发展阶段，"十二五""十三五"期间，为适应新能源、特高压电网的快速发展，抽水蓄能发展迎来新的高峰，河北丰宁、安徽绩溪等抽水蓄能电站相继开工。目前，通过引进、消化、吸收、创新等手段，我国在抽水蓄能工程勘察设计施工、成套设备设计制造及电站运行等方面已经达到世界先进水平。

（2）广东省抽水蓄能电站发展。

1979年，香港中华电力有限公司与广东省电力工业局决定联合成立抽水蓄能电站研究工作办公室，着手研究在广东省域内靠近香港的位置兴建抽水蓄能电站作为调峰电源的可行性，电站装机规模按800 MW左右考虑。经过实地勘察和选址比较后，在深圳盐田附近选择了5个站址进行比较，推荐站址距香港30 km。1982年站址可行性研究报告编制完成，经香港中华电力有限公司聘请的英国专家评估后，双方同意推荐的站址及采用的技术方案。但是受当时政策限制，双方在用地等问题上未能达成一致意见，项目最终被搁置。

党的十一届三中全会后，广东省经济加速发展，用电负荷迅速增长。随着人民生活不断改善，生活用电比重增加，峰谷差逐渐增大，电网严重缺电力、缺电量、缺调峰电源。为此，从1984年开始，广东省先后共开展了9次抽水蓄能站址普查和选点规划工作，2022年通过的选点规划共筛选了29个建设条件相对较好的站点作为规划比选站点，包括广东电网东部区域的大洋、中洞、三江口、岑田、赤石牙、马头山、龙川、黄屋、青麻园、东坑，广东电网西部区域的天堂、阳蓄二期、水源山、浪江、鹤城、电白、走马坪、长滩、下坪、天湖、木厂坝、东水、诶山、水晶背、黄茅岗、新丰、营盘、石曹、甘垌。

经综合比选，最终选择三江口（1400 MW）、浪江（1200 MW）、中洞（1200 MW）、电白（1200 MW）、水源山（1200 MW）、岑田（1200 MW）、水晶背（1200 MW）、诶山（1200 MW）、天湖（2400 MW）、长滩（1200 MW）10个站点作为新

增规划推荐站点。

考虑抽水蓄能中长期发展需求规模较大，结合广东省抽水蓄能站点资源条件，将东水（1200 MW）、天堂（1200 MW）、鹤城（600 MW）、青麻园（2400 MW）、赤石牙（1800 MW）、大洋（2400 MW）、马头山（1200 MW）、走马坪（1200 MW）、黄茅岗（800 MW）、下坪（2400 MW）、石曹（1200 MW）、新丰（1200 MW）、木厂坝（1800 MW）、龙川（1200 MW）、甘垌（1200 MW）、营盘（1200 MW）、东坑（1000 MW）、黄屋（1200 MW）18 个站点作为资源规划站点。

目前，一大批纳入规划的抽水蓄能站点正逐步开展前期论证工作，部分站点已核准开工建设，广东省的抽水蓄能电站发展已进入新的阶段，见表1-1和图1-12。

表1-1　广东省抽水蓄能电站一览表

序号	名称	装机容量/MW	项目所在地	项目阶段	（计划）投产时间
1	广州抽水蓄能电站	2400	广州从化	建成	1994 年
2	惠州抽水蓄能电站	2400	惠州博罗	建成	2008 年
3	清远抽水蓄能电站	1280	清远清新	建成	2015 年
4	深圳抽水蓄能电站	1200	深圳盐田、龙岗	建成	2017 年
5	梅州抽水蓄能电站	2400	梅州五华	建成	2021 年
6	阳江抽水蓄能电站	2400	阳江阳春	建成	2021 年
7	云浮水源山抽水蓄能电站	1200	云浮新兴	开工	2025 年
8	惠州中洞抽水蓄能电站	1200	惠州惠东	开工	2025 年
9	肇庆浪江抽水蓄能电站	1200	肇庆广宁	开工	2026 年
10	陆河三江口抽水蓄能电站	1400	汕尾陆河	开工	2026 年
11	广东电白抽水蓄能电站	1200	茂名电白	可研	2026 年
12	广东省岑田抽水蓄能电站	1200	河源东源	可研	2027 年
13	韶关新丰抽水蓄能电站	1200	韶关新丰	可研	2029 年

序号	名称	装机容量/MW	项目所在地	项目阶段	（计划）投产时间
14	潮州青麻园抽水蓄能电站	2400	潮州潮安	可研	
15	德庆石曹抽水蓄能电站	1200	肇庆德庆	可研	
16	江门鹤山抽水蓄能电站	1000	江门鹤山	可研	
17	广东省台山抽水蓄能电站	800	江门台山	可研	
18	阳山水晶背抽水蓄能电站	1200	清远阳山	预可研	
19	连州天湖抽水蓄能电站	2400	清远连州	预可研	
20	天堂抽水蓄能电站	1800	清远英德	预可研	
21	甘垌抽水蓄能电站	1200	云浮罗定	预可研	
22	马头山抽水蓄能电站	1200	揭阳揭西	规划	
23	龙川抽水蓄能电站	1200	河源龙川	规划	
24	大洋抽水蓄能电站	2400	揭阳揭西	预可研	
25	东坑抽水蓄能电站	1000	河源紫金	规划	
26	走马坪抽水蓄能电站	1200	阳江阳东	规划	
27	长滩抽水蓄能电站	1200	肇庆广宁	规划	
28	下坪抽水蓄能电站	2400	清远清新	预可研	
29	赤石牙抽水蓄能电站	1200	汕尾陆丰	规划	
30	木厂坝抽水蓄能电站	1800	茂名信宜	规划	
31	东水抽水蓄能电站	1200	阳江阳西	规划	
32	谠山抽水蓄能电站	1200	肇庆封开	规划	
33	营盘抽水蓄能电站	1200	韶关新丰	规划	
34	黄屋抽水蓄能电站	1200	梅州梅江	规划	

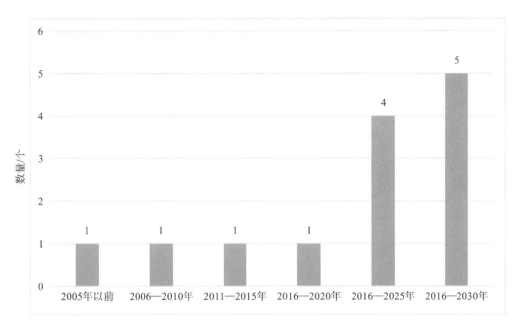

图1-12 广东省抽水蓄能电站投产趋势

1.3 "双碳"目标下抽水蓄能电站发展前景

1.3.1 "双碳"目标下的能源结构调整趋势

（1）"双碳"目标概述。

2020年9月22日，中国国家主席习近平在第七十五届联合国大会一般性辩论上提出，中国力争于2030年前达到二氧化碳排放的峰值，努力争取2060年前实现碳中和。实现碳达峰、碳中和是以习近平同志为核心的党中央统筹国内、国际两个大局做出的重大战略决策，既是我国对国际社会的庄严承诺，也是我国实现高质量发展的内在要求。碳排放总量大、碳达峰到碳中和的窗口期小等特点决定了我国"双碳"目标时间紧、任务重，需要付出更加艰苦卓绝的努力。

（2）"双碳"目标约束下的能源结构调整趋势。

"双碳"目标提出之后，我国能源结构调整成为研究热点。国内外研究机构通过设置政策、强化减排、2℃和1.5℃等情景，开发建立能源系统仿真模型，对碳达峰、碳中和目标下我国能源转型路径进行了多情景分析，并获得了诸多研究成果。研究显示，在"双碳"目标的强约束下，我国的能源结构将持续低碳化转型，非化石能源结构占比将不断提升，并成为我国能源结构的主体。

当前，我国非化石能源消费比重为17%左右。根据《中共中央 国务院关于完整准确全面贯彻新发展理念做好碳达峰碳中和工作的意见》的要求，到2025年，我国非化石能源消费比重将提高到20%左右；到2030年，非化石能源消费比重将进一步提升到25%左右；到2060年，非化石能源消费比重将达到80%以上，全面建立清洁低碳安全高效的能源体系，届时我国将形成以非化石能源为主的新型能源结构。

1.3.2　抽水蓄能电站对大规模可再生能源的支撑作用及需求预测

（1）大规模非化石能源的应用对电网产生的冲击。

新的能源结构必然对电力系统提出新的要求。目前我国的非化石能源发电包括核电、水电、风电、太阳能发电、生物质能发电、地热发电、海洋潮汐能发电等多种形式。其中以核电、风电、太阳能发电为主的新能源发电将构成我国非化石能源发展的主体。但以风电、太阳能发电等为主体的可再生能源，无法像传统化石能源一样稳定输出电能，而是具有随机性、间歇性与波动性。核电虽然可以稳定输出，但其具有不可调节性。随着未来非化石能源消费占比的进一步提升，电网将面对更大考验。目前，我国非化石能源消费占比逐步提升，风电和太阳能发电等能源的不确定性以及核电调峰能力不足的缺点日益显著，我国应未雨绸缪，构建新型电力系统，以保障电网稳定、安全运行。

（2）储能可平缓可再生能源对电网的冲击。

储能是指将电能转化为其他形式的能量（如动能、势能、化学能等）储存至储能装置，并在需要时释放。储能兼具电源和负荷的双重属性，其对于电网是一种优质的灵活性调节资源，可有效平缓可再生能源对电网的冲击。储能可以解决新能源出力快速波动的问题，为电网提供必要的系统惯量支撑，提高电力系统的可控性和灵活性，缓解或解决电能供需在时间和强度上不匹配的问题。在新型电力系统下，储能是支撑高比例可再生能源接入和消纳的关键技术手段，在提升电力系统灵活性和保障电网安全稳定等方面具有显著优势。

（3）抽水蓄能是重要的储能形式。

抽水蓄能利用水作为储能介质，通过电能与势能相互转化，实现电能的储存和管理，是一种重要的储能形式。相比于其他储能方案，抽水蓄能具有以下优势。①抽水蓄能技术发展多年，已较为成熟，目前我国已掌握了较先进的机组制造技术，在抽水蓄能电站的建设、运营、维护等方面都达到世界先进水平。②抽水蓄能电站装机容量大，一般规模为几万千瓦至几十万千瓦，装机容量及储能能力均为世界第一的河北丰宁抽水蓄能电站总装机容量达到360万kW满发利用小时数达到10.8 h，最大可提供相当于三分之一个三峡水电站的调节出力。③抽水蓄能电站可长时间连续储能，由于水的蒸发和渗透损失相对较小，抽水蓄能系统的储能周期范围较大，从几小时到十数年不等，放电时间达到小时至日级别。④抽水蓄能度电成本低，抽水蓄能电站运行效率高且稳定，不会受长时间使用导致能量衰减等问题的困扰，使用寿命长且损耗低，同时不产生污染，节能环保程度极高，因此抽水蓄能电站的度电成本较低，当年利用小时达到2000 h，其全寿命储能度电成本（LCOS）仅为0.46元/（kW·h）。不同储能方案年发电量和度电成本与发电小时数的关系见表1-2和图1-13。

表1-2　不同储能方案年发电量和度电成本与发电小时数的关系

发电小时数/h	储能年发电量/（10^5 kW·h）						储能度电成本/[元·（kW·h）$^{-1}$]					
	抽水蓄能	压缩空气	铅酸电池	钠硫电池	液流电池	锂离子电池	抽水蓄能	压缩空气	铅酸电池	钠硫电池	液流电池	锂离子电池
200	1.8	0.96	1.92	2.04	1.68	2.16	4.64	9.25	51.27	44.45	34.85	10.21
400	3.6	1.92	3.84	4.08	3.36	4.32	2.32	4.62	25.63	22.22	17.43	5.1
600	5.4	2.88	5.76	6.12	5.04	6.48	1.55	3.08	17.09	14.82	11.62	3.4
800	7.2	3.84	7.68	8.16	6.72	8.64	1.16	2.31	12.82	11.11	8.71	2.55
1000	9.0	4.8	9.6	10.2	8.4	10.8	0.93	1.85	10.25	8.89	6.97	2.04
1200	10.8	5.76	11.5	12.2	10.1	13.0	0.77	1.54	8.54	7.41	5.81	1.7
1400	12.6	6.72	13.4	14.3	11.8	15.1	0.66	1.32	7.32	6.35	4.98	1.46
1600	14.4	7.68	15.4	16.3	13.4	17.3	0.58	1.16	6.41	5.56	4.36	1.28

发电小时数/h	储能年发电量/（10^5 kW·h）						储能度电成本/[元·（kW·h）^-1]					
	抽水蓄能	压缩空气	铅酸电池	钠硫电池	液流电池	锂离子电池	抽水蓄能	压缩空气	铅酸电池	钠硫电池	液流电池	锂离子电池
1800	16.2	8.64	17.3	18.4	15.1	19.4	0.52	1.03	5.70	4.94	3.87	1.18
2000	18.0	9.6	19.2	20.4	16.8	21.6	0.46	0.92	5.13	4.44	3.49	1.02

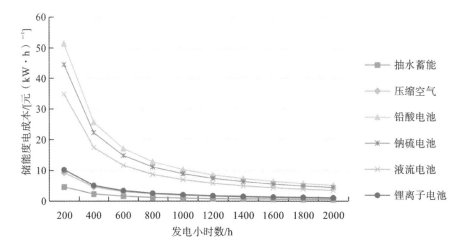

图1-13　不同储能方案度电成本与发电小时数的关系

由于抽水蓄能存在多种优点，其已成为当前大规模储能的主流技术，也是累计装机规模最大的电力储能方案。根据中国能源研究会储能专业委员会的全球储能项目库不完全统计，截至2021年底，我国储能累计装机量4330万kW，其中抽水蓄能装机量3757万kW，占比达86.8%，占据绝对主导性地位。

（4）抽水蓄能容量需求预测。

需求预测是指根据相关研究资料，通过科学的研究方法，充分利用过去和现在的数据、考虑未来各种影响因素，对行业需求变化进行细致分析研究，以便对行业发展趋势做出正确的估计和判断。综合考虑风电光伏装机量、国际抽水蓄能发展情况、国内风光配储政策等因素，采取弹性系数法和间接预测法，对我国抽水蓄能容量需求进行预测。

弹性系数法预测的抽水蓄能容量需求结果见图1-14，这种方法是根据抽水蓄能装

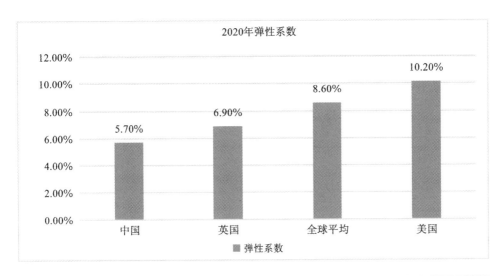

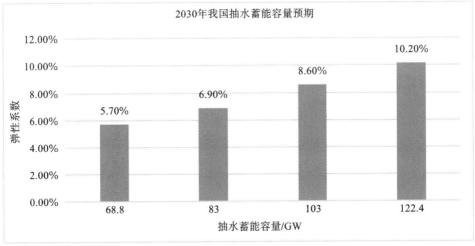

图1-14　弹性系数法预测的抽水蓄能容量需求

机量与风电光伏装机量的关系来预测抽水蓄能容量需求。抽水蓄能装机量与风电光伏装机量的比值即为弹性系数。根据中信证券研究部资料，该弹性系数的2020年全球总体值为8.6%，其中美国为10.2%、英国为6.9%，均高于我国的5.7%。根据《国务院关于印发2030年前碳达峰行动方案的通知》（国发〔2021〕23号）中的规划要求，到2030年，风电、太阳能发电总装机容量达到12亿千瓦以上。假设弹性系数维持在当前的5.7%时，2030年抽水蓄能容量为68.8GW；当弹性系数达到6.9%（2020年英国水平），2030年抽水蓄能容量为83GW；当弹性系数达到8.6%（2020年全球平均水平，2030年抽水蓄能容量为103GW；当弹性系数达到10.2%（2020年美国水平），2030年抽水蓄能容量为122.4GW。

间接预测法预测的抽水蓄能容量需求结果见图1-15，这种方法是先做储能需求预测，再根据抽水蓄能在储能中的容量占比，对抽水蓄能容量需求进行预测。通过对已出台政策文件的分析，一般情况下，储能的配置比例为10%～20%。假设未来风光发电配储比例有10%、15%、20%三种情景，按《国务院办公厅转发国家发展改革委国家能源局关于促进新时代新能源高质量发展的实施方案的通知》（国办函〔2022〕39号）中要求的2030年风光发电总装机容量12亿kW计算，届时风光发电配

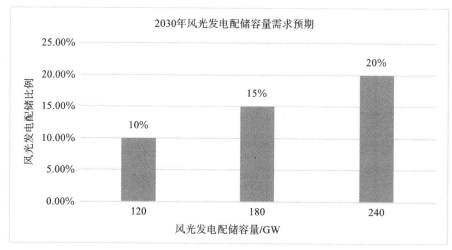

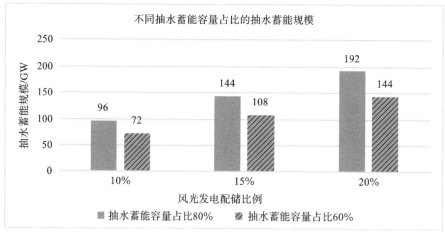

图1-15　间接预测法预测的抽水蓄能容量需求

储容量需求将分别为 120 GW、180 GW、240 GW。如抽水蓄能容量占比仍维持在当前的 80% 以上，按 80% 计，届时抽水蓄能规模将分别达到 96 GW、144 GW、192 GW。如抽水蓄能容量占比按 60% 计，届时抽水蓄能规模将分别达到 72 GW、108 GW、144 GW。

综合上述预测，在不同的预测方法、不同的参数设置下，预测结果存在较大差异，但与我国已投产的抽水蓄能装机量（截至 2021 年，为 37.57 GW）相比，均存在较大需求缺口。在我国持续推进"双碳"战略的背景下，新能源技术不断发展，抽水蓄能电站也将迎来爆发式发展。据不完全统计，2022 年 1—7 月，全国新立项、新签约、进行预可研和可研审查、新开工的抽水蓄能项目超过 168 个，项目推进速度明显加快。专家预测，在"十四五"至"十五五"十年期间，我国抽水蓄能电站建设总投资将达到 1.67 万亿元左右，年均投资规模达到 1670 亿元。抽水蓄能电站迎来黄金发展时期，拥有广阔的发展前景。

1.4　水利水电工程节地技术相关研究综述

当前针对抽水蓄能电站的研究主要集中于各工程建筑物、设施、设备等方面，而有关抽水蓄能电站节地技术的研究并不丰富。自党的十八大以来，我国最严格的节约集约用地政策体系不断走向健全与完善，并提出坚持节约资源和保护环境的基本国策，要求全面促进资源节约，抽水蓄能电站行业才逐渐开展与节地有关的研究。但目前相关研究仍然很少，若将分析范围拓展至整个水利水电工程行业，水利水电工程相关节地技术的研究可以归纳划分为以下几个方面：①节地思路、技术和方法的研究，促进水利水电工程方案优化，合理节约用地；②节地评价技术的研究，完善水利水电工程用地项目节地评价相关技术；③节地评价体系的研究，完善评价体系，合理评价水利水电工程是否节地。

1.4.1 节地思路、技术和方法的研究

有关水利水电工程节地思路、技术和方法的研究主要有以下几种研究路径。①商大成研究认为可利用已废弃的采矿工程地下空间，通过分析巷道空间作为储水水库的条件（包括稳定性和强度等），判断这种节地方法的可靠性和可行性。②王怀章、刘权斌等的研究提出以下节地技术。a.优化站址。统筹安排项目位置选址，综合比选，做到投资少，占地规模小，不占基本农田，少占耕地。b.坝型选择。坝型选择除了应考虑地形地貌、工程地质与地震、投资费用、设施布置、建设条件、建筑材料等，还应从节地方面考虑坝体底部体质大小、泄洪设施组合占地以及坝体安全保护范围等，综合比较后选取枢纽功能齐全、坝体安全、占地规模小、投资适中的方案。c.设施集中布置。通过土地整治，构造平台，适度增加投入，将设施集中布置集约用地。d.开发工序潜力。充分利用淹没区设置输水洞进出口等。e.永临结合。如施工支洞可留作通风洞口等。f.开发枢纽区。利用坝后持重区外的安全区建设生产运行营地等。g.渣土再利用。如可用于填埋下水库库岸区等。h.适度增加投资。道路用地方面通过加强施工期测量线路优选，复核路面高程，增加涵桥、隧洞等道路，减少道路占地规模。

1.4.2 节地评价技术的研究

节地评价要结合项目必要性、规划合规性、布局合理性、技术先进性、节地措施可行性及同类项目用地比较等方面来开展。目前关于节地评价技术的研究如下：张国静对保德县李家湾水库水利枢纽项目进行了现状调查，采用功能分析法对项目进行节地评价，得出节约集约用地结论；顾信林以江西省贵溪市花桥水库枢纽工程建设项目节地评价为例，对江西省贵溪市花桥水库枢纽工程建设项目节地评价进行分析，对水利设施用地项目节地评价技术规范进行完善。

1.4.3 节地评价体系的研究

水利水电工程项目用地特性有别于其他行业建设用地，其节地评价体系具有特殊性，因此很多研究侧重于水利水电项目节地评价体系的分析，王美等从用地规模、

用地结构、用地强度和用地效益四个方面，选取单位用地规模库容、单位坝区用地规模库容、坝区用地规模比例、坝区占非耕规模比例、容积率、建筑系数、水库坝址区单位投资规模7个指标建立评价指标体系，采用特尔斐法、多因素综合评价法等方法确定指标权重并构建评价模型；顾信林认为水利设施用地项目节地评价指标体系可完善为土地利用规模、土地利用结构、土地利用强度、土地利用效益4个目标层，共16个评价指标，见表1-3。

表1-3 水利设施用地项目节地评价指标体系

目标层	评价指标
土地利用规模	单位用地面积
土地利用结构	项目用地占用耕地比例
	行政办公及生活服务管理区用地所占比重
	配套工程区用地占项目建设用地比例
土地利用强度	行政办公及生活服务管理区用地容积率
	配套工程区用地容积率
	行政办公及生活服务管理区用地建筑系数
	配套工程区用地建筑系数
土地利用效益	供水保证率
	发电保障率
	灌溉保证率
	防洪标准
	投资强度
	产出强度
	生态破坏指数
	失地农民人均收入变化指数

1.4.4 评述

总体而言，已有研究普遍认为水利水电工程节地评价研究具有理论意义和实践意义，水利水电工程节地具有可行性，且水利水电工程节地评价技术要有针对性等。基于对上述问题的逐步了解及深入分析，抽水蓄能电站工程相关节地技术的研究还存在以下不足和有待深入研究的地方。

（1）总体上缺乏系统全面针对抽水蓄能电站工程节地的研究。现有相关研究缺乏系统性分析，很少对抽水蓄能电站各功能区设计及用地特点进行详细分析，没有把节约集约用地政策要求与抽水蓄能电站设计各个环节结合起来进行综合分析。

（2）缺乏符合抽水蓄能电站用地特点的节地评价体系。现有的研究提出了水利设施用地项目节地评价指标体系，但水利设施用地项目（如堤防项目、供水水库项目等）的用地特点与抽水蓄能项目用地特点差别非常大，目前还没有研究提出适用于抽水蓄能电站的节地评价指标体系。

（3）缺乏抽水蓄能电站工程建设用地指标标准。随着抽水蓄能电站工程的快速发展，其技术水平得到显著提升，但相关用地标准缺失，难以形成对项目建设的标准化、规范性约束。

2

新形势下对节约集约用地的新要求

2.1 政策背景与内容要点

2.1.1 节地政策实施背景与演变历程

改革开放以来，随着我国经济快速发展，城镇化、工业化进程加快，城镇建设用地扩张速度普遍高于GDP增速和人口城镇化速度，大量的生态用地和耕地被转换为建设用地，导致生态资源和耕地数量快速减少，耕地污染严重，耕地保护形势严峻。同时建设用地低效利用与闲置现象仍普遍存在，部分行业和领域超标准用地、无标准用地、浪费土地的情况依然突出。因此，为了深入贯彻落实党中央、国务院的决策部署，切实解决土地粗放利用和浪费问题，以土地利用方式转变促进经济发展方式转变，推动生态文明建设和新型城镇化，必须全面推进土地节约集约利用。

我国城乡建设用地节约集约利用政策的发展演变呈现出鲜明的一贯性和阶段性特征，主要可以归纳为以下六个阶段，见表2-1。

表2-1 我国城乡建设用地节约集约利用政策的发展演变

序号	阶段特征	政策要点
1	计划经济体制时期节约集约用地政策（1953—1986年）	该阶段的节地政策主要体现在征地制度中，采用严格的计划调节手段来控制各级政府的征地数量，规范其审批行为，同时对建设单位提出节地要求，减少土地浪费
2	体制转型阶段节约集约用地政策的探索与发展（1987—1997年）	该阶段节地政策的主要特点是从严控制各类建设占用耕地，实行占用耕地与开发、复垦政策挂钩；要求对各项建设用地实行计划管理，并作为审批建设用地的依据之一；探索制定各类用地标准
3	土地用途管制框架下节地政策的形成与强化（1998—2003年）	该阶段节地政策的主要特点是严格限制农用地转为建设用地，控制建设用地总量，没有农用地转用计划指标或者超过农用地转用计划指标的，不得批准新增建设用地，并规定建设项目用地预审应遵循土地用途管制
4	最严格节约集约用地政策体系的基本成型（2004—2011年）	该阶段节地政策的主要特点是强化土地规划和计划管控、加强用地标准和准入目录管理、开展节约集约用地评价考核、强化对闲置低效和违法用地的处置力度、加强对农村建设用地节约集约利用管理等，发布了第一部专门针对节约集约用地的规范性文件

序号	阶段特征	政策要点
5	最严格节约用地政策体系的健全与完善（2012—2016年）	该阶段节地政策的主要特点是颁布实施《节约集约利用土地规定》（国土资源部第61号），明确布局优化、标准控制等内容，进一步完善了我国城乡建设用地节约集约利用政策体系。同时为落实土地使用标准控制制度，促进超标准、无标准建设项目节约使用土地，规范开展建设项目节地评价
6	高质量发展下自然资源节约政策的持续更新（2017年至今）	该阶段节地政策的主要特点是围绕十九大推进资源全面节约精神，重新修订《节约集约利用土地规定》（国土资源部第61号），进一步强调建设项目开展节地评价的重要性，规范了今后节地评价工作的开展；明确提出做实做细优交通、能源、水利等项目前期工作，做到节约集约用地的同时提升用地审批效率

2.1.2 节地政策核心要点及影响

（1）强化规划引导，严格管控建设用地规模总量。

①建设用地实行总量控制，减少新增建设用地规模。2008年国务院印发《国务院关于促进节约集约用地的通知》（国发〔2008〕3号），提出强化土地利用总体规划的整体控制作用。各类与土地利用相关的规划，不得突破土地利用总体规划确定的规模。2014年国土资源部出台《节约集约利用土地规定》（国土资源部令第61号），强调通过土地利用总体规划，对建设用地实行总量控制，确定建设用地的规模、布局、结构和时序安排。②开展双控行动，推动多规合一。2017年，《国务院关于印发全国国土规划纲要（2016—2030年）的通知》（国发〔2017〕3号）提出，实施建设用地总量和强度双控行动，到2030年，将国土开发强度控制在4.62%以内。2019年，《中共中央 国务院关于建立国土空间规划体系并监督实施的若干意见》（中发〔2019〕18号）提出，建立国土空间规划体系并监督实施，将主体功能区规划、土地利用规划、城乡规划等空间规划融合为统一的国土空间规划，实现"多规合一"。因此，在国家严控建设用地总量和国土开发强度的大背景下，抽水蓄能电站的用地不再像以往一样粗放使用和无序增加，相关功能区的用地总量受到越来越严格的管控。

（2）加强计划调节，严控新增建设用地指标数量。

逐步减少新增建设用地规模，严控新增建设用地总量。2012年《国土资源部关于大力推进节约集约用地制度建设的意见》（国土资发〔2012〕47号）提出，加强和改进土地利用年度计划管理，严格控制新增建设用地总量和新增建设用地占用耕地的数量。2014年，《国土资源部关于推进土地节约集约利用的指导意见》（国土资发〔2014〕119号）提出，逐步减少新增建设用地计划和供应，东部地区特别是优化开发的三大城市群地区要以盘活存量为主，率先压减新增建设用地规模。抽水蓄能电站一般位于山区，土地使用基本为新增建设用地，需要大量新增建设用地指标支持，但在新增建设用地指标日益趋紧的趋势下，抽水蓄能电站用地的合理性将面临更加严峻的形势和更为严格的用地要求。

（3）健全用地标准，提高土地利用效率效益。

①完善节约集约用地控制标准。2012年，《城市用地分类与规划建设用地标准》（GB 50137—2011）发布，规划了人均城市建设用地面积、人均单项城市建设用地面积和城市建设用地结构三方面的标准。②完善行业用地标准。2004—2017年，我国印发了城市生活垃圾处理、公路、铁路、电力、煤炭、公共图书馆、文化馆、体育训练基地、民用航空运输机场、光伏发电站、石油天然气、城市公共体育场馆等工程项目的用地标准。2019年，自然资源部启动对高速公路、铁路和机场等基础设施建设用地标准的修订。③开展建设项目节地评价工作。2021年《自然资源部办公厅关于规范开展建设项目节地评价工作的通知》（自然资办发〔2021〕14号）提出，建立和完善建设项目节地评价制度，明确对国家和地方尚未颁布土地使用标准和建设标准的建设项目，应当通过节地评价合理确定建设项目用地功能分区和规模；2023年，《自然资源部办公厅关于印发〈节约集约用地论证分析专章编制与审查工作指南（试行）〉的通知》（自然资办函〔2023〕473号）明确了经依法批准的国土空间规划确定的城镇开发边界和村庄建设边界外（土地利用总体规划确定的城市和村庄、集镇建设用地规模范围外）的交通、能源、水利等基础设施建设项目，在可行性研究阶段，用地涉及耕地、永久基本农田、生态保护红线，应编制节约集约用地论证分析专章。除交通、能源、水利外的单独选址项目可参照执行。当前对于抽水蓄能电站项目，国家和地方仍未明确相关用地标准，因此按照国家建设项目节地评价制度相关要求，节地评

价成为合理确定抽水蓄能电站项目用地标准的路径和关键所在。

（4）规范土地市场，促进土地资源高质量配置。

①发挥市场配置作用，完善有偿使用制度。2006年，《关于发布实施〈全国工业用地出让最低价标准〉的通知》（国土资发〔2006〕307号）规定，工业用地必须采用招标、拍卖、挂牌方式出让，其出让底价和成交价格均不得低于所在地土地等级相对应的最低价标准。2011年，《关于坚持和完善土地招标拍卖挂牌出让制度的意见》（国土资发〔2011〕63号）提出，完善住房用地招拍挂计划公示制度和土地招拍挂出让合同。2019年，国务院印发《国务院办公厅关于完善建设用地使用权转让、出租、抵押二级市场的指导意见》（国办发〔2019〕34号），明确建立产权明晰、市场定价、信息集聚、交易安全、监管有效的土地二级市场和城乡统一的土地市场交易平台。②以财税等金融手段推进土地节约集约利用。2008年，《中国人民银行、中国银行业监督管理委员会关于金融促进节约集约用地的通知》（银发〔2008〕214号）要求，各金融机构优先支持节约集约用地项目建设和节地房地产开发项目，积极支持土地储备机构盘活存量建设用地，建立健全金融促进节约集约用地管理制度。抽水蓄能电站用地一般采用划拨的方式。如何更好地通过土地市场公开竞争机制和财税金融等手段，引导社会资本参与抽水蓄能电站开发建设，促进土地集约高效利用，平衡政企利益，实现综合效益最大化，是新形势下对抽水蓄能电站建设项目节约用地提出的新命题和新要求。

（5）盘活存量土地，实施综合整治利用。

①强化农村土地管理，推进节约集约用地。2004年，《国土资源部印发〈关于加强农村宅基地管理的意见〉的通知》（国土资发〔2004〕234号）要求，各地应因地制宜地组织开展"空心村"、闲置宅基地、空置住宅、"一户多宅"等的调查清理工作，加大盘活存量建设用地的力度。2006年，《关于坚持依法依规管理节约集约用地支持社会主义新农村建设的通知》（国土资发〔2006〕52号）提出，引导农民集中建房，以集中促进节约集约，提高农村建设用地利用率。②推进城镇低效用地再开发。2013年，《国土资源部关于印发开展城镇低效用地再开发试点指导意见的通知》（国土资发〔2013〕3号）印发，鼓励和引导原国有土地使用权人、农村集体经济组织和

市场主体开展城镇低效用地再开发。2016年,《国土资源部关于印发〈关于深入推进城镇低效用地再开发的指导意见(试行)〉的通知》(国土资发〔2016〕147号)明确了城镇低效用地的定义,增加了鼓励产业转型升级优化用地结构、鼓励集中成片开发等政策措施。③推动闲置土地处置。2006年,《关于当前进一步从严土地管理的紧急通知》(国土资电发〔2006〕17号)提出,加大闲置土地处置力度,依法从高征收土地闲置费。2008年,《关于进一步做好闲置土地处置工作的意见》(国土资发〔2008〕178号)明确闲置土地清理范围,并对闲置土地的认定标准及处置完成标准等进行了说明。④开展土地综合整治。2012年,《国土资源部关于发布实施〈全国土地整治规划(2011—2015年)〉的通知》(国土资发〔2012〕55号)提出规划期内整治农村建设用地30万公顷、促进单位GDP建设用地降低30%等主要目标。2019年,《自然资源部关于开展全域土地综合整治试点工作的通知》(自然资发〔2019〕194号)明确,对试点工作予以一定的计划指标支持,节余的建设用地指标可在省域范围内流转。因此,为了充分盘活存量土地,深入贯彻节约集约用地理念,抽水蓄能电站在建设过程中,也应综合考虑实际情况,以全域整治利用思维,综合利用现有道路、闲置建筑、废弃矿坑等,尽量减少项目土地占用规模,提高土地节约集约利用水平。

(6)应用节地技术,推动科技示范引领。

2014年,《国土资源部关于推进土地节约集约利用的指导意见》(国土资发〔2014〕119号)提出,重点推广城市公交场站、大型批发市场、会展和文体中心、城市新区建设项目中地上地下空间立体开发、综合利用、无缝衔接等节地技术和节地模式,鼓励城市内涵式发展;加快推广标准厂房等节地技术和模式,降低工业项目占地规模;引导铁路、公路、水利等基础设施建设采取措施,减少工程用地和取弃土用地;推进盐碱地、污染地、工矿废弃地的治理与生态修复技术创新,加强暗管改碱节地技术的研发和应用,实现土地循环利用。2017年、2020年和2022年我国先后公布了三批《节地技术和节地模式推荐目录》,推动社会关注并应用节地技术和节地模式。对抽水蓄能电站而言,相关行业的新型节地技术和节地模式,如空间立体开发、综合利用等都值得深入借鉴学习,对抽水蓄能电站项目减少工程用地、提升节地水平具有重要的参考和指导意义。

（7）开展分类评价，全面推进节约集约用地评价。

①开展开发区土地集约评价。2014年，《关于开展2014年度开发区土地集约利用评价工作的通知》（国土资厅函〔2014〕143号）将开发区更新评价调整为一年一次更新、三年一次全面评价，并将评价结果与开发区扩区升级相挂钩；2021年，开发区评价和全国产业园用地情况总调查同步开展，为摸清全国产业园节约集约用地状况提供了重要参考。②开展建设用地节约集约利用评价。2014年，《国土资源部关于部署开展全国城市建设用地节约集约利用评价工作的通知》（国土资函〔2014〕210号）提出，到2018年，完成全国80％地级以上城市、60％县级市的建设用地节约集约利用初始评价。2020年，《自然资源部办公厅关于开展2020年度建设用地节约集约利用状况评价有关工作的通知》（自然资办函〔2020〕1007号）提出，按照整体评价"每年一次"、开发区"每五年开展一次全面评价、全面评价年期间每年进行监测统计"的要求，将全国县级行政单位和开发区统一纳入评价范围。③建立工程建设项目节地评价制度，明确节地评价的范围、原则和实施程序，通过制度规范促进工程建设项目节约集约用地。因此，抽水蓄能电站项目需要严格按照工程建设项目节地评价制度相关要求，开展节地评价工作，并依据节地评价结果确定项目用地功能分区及使用规模。

（8）严格落实责任，强化节约集约用地考核监管。

①严格落实法律责任。《中华人民共和国土地管理法》和《中华人民共和国土地管理法实施条例》（国务院令第743号）在国土空间规划、耕地保护、建设用地管理、土地督察检查等方面提出了节约集约用地要求，明确了各级人民政府责任。《节约集约利用土地规定》（国土资源部第61号）将不符合用地标准、供地政策、限制用地条件、工业用地最低价标准办理供地手续等情况列入条款，明确对有关责任人员追究法律责任。②建立节约集约考核制度。2009年，《国土资源部、国家发展和改革委员会、国家统计局关于发布和实施〈单位GDP和固定资产投资规模增长的新增建设用地消耗考核办法〉的通知》（国土资发〔2009〕12号）设置了集约用地水平区域位次指标和集约用地水平年度变化指标，并将考核结果分别作为分解下达年度土地利用计划指标和干部主管部门对省级领导干部进行综合考核评价的依据。③加强全程监管及执法督查。2008年，监察部印发《关于加强对节约集约用地政策贯彻落实情况

监督检查的通知》(监发〔2008〕4号),要求各级监察机关着力对闲置土地处置政策执行等情况进行检查,督促地方各级人民政府和有关部门研究制定贯彻落实节约集约用地政策的办法和措施。2011年,《2010年土地督察和执法监察情况》(国家土地督察公告第4号)发布,体现了土地督察工作对遏制违法用地势头的作用。在当前加强节地考核、落实政府主体责任的大环境下,地方政府对各工程建设项目用地态度更加审慎,对抽水蓄能电站项目用地规模的审查也会更加严格。

节约集约用地八项制度主要依据文件、要点及影响见表2-2。

表2-2 节约集约用地八项制度主要依据文件、要点及影响

八项制度	时间	政策文件	要点	影响
规划引导	2008年	《国务院关于促进节约集约用地的通知》(国发〔2008〕3号)	提出强化土地利用总体规划的整体控制作用。各类与土地利用相关的规划,不得突破土地利用总体规划确定的规模	在国家严控建设用地总量的背景下,抽水蓄能电站的用地不再像以往一样粗放使用和无序增加,相关功能区的用地总量将受到越来越严格的管控
	2014年	《节约集约利用土地规定》(国土资源部令第61号)	强调通过土地利用总体规划,对建设用地实行总量控制,确定建设用地的规模、布局、结构和时序安排	
计划调节	2012年	《国土资源部关于大力推进节约集约用地制度建设的意见》(国土资发〔2012〕47号)	抽水蓄能电站一般位于山区,土地使用基本为新增建设用地,需要大量新增建设用地指标支持,但在新增建设用地指标日益趋紧的趋势下,抽水蓄能电站用地的合理性将面临更加严峻的形势和更为严格的用地要求	抽水蓄能电站一般位于山区,土地使用基本为新增建设用地,需要大量新增建设用地指标支持,但在新增建设用地指标日益趋紧的趋势下,抽水蓄能电站用地的合理性将面临更加严峻的形势和更为严格的用地要求

八项制度	时间	政策文件	要点	影响
用地标准	2005—2023年	《自然资源部关于发布〈工业项目建设用地控制指标〉的通知》（自然资发〔2023〕72号）等相关行业标准	要求工业项目建设用地必须同时符合投资强度、容积率、建筑密度、行政办公及生活服务设施用地所占比例和绿地率五项指标；2005年以来，我国印发了城市生活垃圾处理、公路、铁路、电力、煤炭、公共图书馆、文化馆、体育训练基地、民用航空运输机场、光伏发电站、石油天然气、城市公共体育场馆用地等工程项目的用地标准	目前对于抽水蓄能电站项目，国家和地方仍未明确相关用地标准，因此按照国家建设项目节地评价制度相关要求，节地评价成为合理确定抽水蓄能电站项目用地标准的路径和关键所在
市场配置	2006年	《关于发布实施〈全国工业用地出让最低价标准〉的通知》（国土资发〔2006〕307号）	规定工业用地必须采用招标、拍卖、挂牌方式出让，其出让底价和成交价格均不得低于所在地土地等级相对应的最低价标准	如何更好地通过土地市场公开竞争机制和财税金融等手段，引导社会资本参与抽水蓄能电站开发建设，促进土地集约高效利用，平衡政企利益，实现综合效益最大化，是新形势下对抽水蓄能电站建设项目节约用地提出的新命题和新要求
	2008年	《中国人民银行、中国银行业监督管理委员会关于金融促进节约集约用地的通知》（银发〔2008〕214号）	要求各金融机构优先支持节约集约用地项目建设，积极支持土地储备机构盘活存量建设用地，建立健全金融促进节约集约用地管理制度	
存量盘活	2004年	《国土资源部印发〈关于加强农村宅基地管理的意见〉的通知》（国土资发〔2004〕234号）	要求各地应因地制宜地组织开展"空心村"、闲置宅基地、空置住宅、"一户多宅"等的调查清理工作，加大盘活存量建设用地的力度	为了充分盘活存量土地，深入贯彻节约集约用地理念，抽水蓄能电站在建设过程中，也应综合考虑实际情况，以全域整治利用思维，综合利用现有道路、闲置建筑、废弃矿坑等，尽量减少项目土地占用规模，提高土地节约集约利用水平
	2016年	《国土资源部关于印发〈关于深入推进城镇低效用地再开发的指导意见（试行）〉的通知》（国土资发〔2016〕147号）	明确了城镇低效用地的定义，增加鼓励产业转型升级优化用地结构、鼓励集中成片开发等政策措施	

八项制度	时间	政策文件	要点	影响
节地技术	2014年	《国土资源部关于推进土地节约集约利用的指导意见》（国土资发〔2014〕119号）	提出要重点推广城市公交场站、大型批发市场、会展和文体中心、城市新区建设项目中地上地下空间立体开发、综合利用、无缝衔接等节地技术和节地模式，鼓励城市内涵式发展；加快推广标准厂房等节地技术和模式，降低工业项目占地规模	相关行业的新型节地技术和节地模式，如空间立体开发、综合利用等，对抽水蓄能电站项目减少工程用地、提升节地水平具有重要的参考和指导意义
节地评价	2021年	《自然资源部办公厅关于规范开展建设项目节地评价工作的通知》（自然资办发〔2021〕14号）	提出建立和完善建设项目节地评价制度，明确对国家和地方尚未颁布土地使用标准和建设标准的建设项目，应当通过节地评价合理确定建设项目用地功能分区和规模	抽水蓄能电站项目需要严格按照工程建设项目节地评价制度相关要求，开展节地评价工作，并依据节地评价结果确定项目用地功能分区及使用规模
考核监管	2019年	《中华人民共和国土地管理法》（2019年修正）	在国土空间规划、耕地保护、建设用地管理、土地督察检查等方面提出了节约集约用地要求，明确了各级政府的责任	在当前加强节地考核、落实政府主体责任的大环境下，地方政府对各工程建设项目用地态度更加审慎，对抽水蓄能电站项目用地规模的审查也会更加严格

2.2 工程建设项目节约集约用地意义

建设项目节地评价是建设用地标准控制制度的重要组成部分，是促进科学合理用地的重要支撑，对健全建设用地审批制度、完善节约集约用地评价体系、推进节约集约用地政策落实具有重要意义。

为进一步改进和规范建设项目用地审查报批工作，落实土地使用标准控制制度，促进超标准、无标准建设项目节约使用土地，切实提高节约集约用地水平，国家和广东省先后发布了《国土资源部办公厅关于规范开展建设项目节地评价工作的通知》（国土资厅发〔2015〕16号）、《自然资源部办公厅关于规范开展建设项目节地评价工作的通知》（自然资办发〔2021〕14号）、《广东省国土资源厅关于印发〈广东省建设项目节地评价实施技术指引（试行）〉的通知》（粤国土资利用发〔2018〕89号），强调了建设项目开展节地评价的重要性，规范了建设项目节地评价工作。

（1）有利于健全建设用地审查报批制度。

根据《中华人民共和国土地管理法》《中华人民共和国土地管理法实施条例》（国务院令第743号）、《建设项目用地预审管理办法》（国土资源部令第42号）、《建设用地审查报批管理办法》（国土资源部令第69号）等法律法规政策规定，在建设用地预审和单独选址项目的审查报批阶段，均需要依据土地使用标准，对建设项目的用地总规模和各功能分区用地规模进行审核把关，不符合标准要求的，不得通过用地审批。然而实践中却面临以下两个问题。①土地使用标准不能全覆盖。由于国民经济行业类别多，新兴产业不断涌现，土地使用标准很难覆盖全部行业和产业，从而出现某类行业或产业的项目在申请用地时没有用地标准的情况。②项目用地超过土地使用标准控制性要求。尽管国家已经发布了土地使用标准，但因安全生产、地形地貌、工艺技术等有特殊要求，一些项目不得不突破用地标准的控制性要求。因此，有必要实施项目节地评价，组织专家论证评审，自然资源规划部门依据节地评价结果和专家评审意见，集体决策确定项目用地规模。

（2）有利于深入落实土地使用标准控制制度。

2012年，国土资源部先后发布的《国土资源部关于大力推进节约集约用地制度建设的意见》（国土资发〔2012〕47号）和《国土资源部关于严格执行土地使用标准大力促进节约集约用地的通知》（国土资发〔2012〕132号）明确提出，建立健全建设用地标准控制制度，要求对国家和地方尚未颁布土地使用标准，或因安全生产、地形地貌、工艺技术等有特殊要求确需突破用地标准的建设项目，要开展项目节地评价论证，依据节地评价结果供地。2014年9月，《国土资源部关于推进土地节约集约利用的指导意见》（国土资发〔2014〕119号）进一步提出，加快建立工程建设项目节地评价制度，明确节地评价的范围、原则和实施程序，通过制度规范促进节约集约用地。

国家已颁布实施的土地使用标准文件见表2-3。

表2-3　国家已颁布实施的土地使用标准文件一览表

序号	标 准 文 件
1	《自然资源部关于发布〈工业项目建设用地控制指标〉的通知》（自然资发〔2023〕72号）
2	《光伏发电站工程项目用地控制指标》（TD/T 1075—2023）
3	《城市轨道交通工程项目规范》（GB 55033—2022）
4	《关于批准发布〈公路工程项目建设用地指标〉的通知》（建标〔2011〕124号）
5	《煤炭工程项目建设用地指标——露天矿、露天矿区辅助设施部分》（建标〔2011〕145号）
6	《关于批准发布〈民用航空运输机场工程项目建设用地指标〉的通知》（建标〔2011〕157号）
7	《关于批准发布〈电力工程项目建设用地指标（风电场）〉的通知》（建标〔2011〕209号）
8	《关于批准发布〈体育训练基地建设用地指标〉的通知》（建标〔2011〕214号）
9	《关于批准发布〈电力工程项目建设用地指标（火电厂、核电厂、变电站和交换站）〉的通知》（建标〔2010〕78号）
10	《关于批准发布〈石油天然气工程项目建设用地指标〉的通知》（建标〔2009〕7号）
11	《关于批准发布〈公共图书馆建设用地指标〉的通知》（建标〔2008〕74号）
12	《关于批准发布〈文化馆建设用地指标〉的通知》（建标〔2008〕128号）
13	《关于发布〈新建铁路工程项目建设用地指标〉的通知》（建标〔2008〕232号）
14	《关于批准发布〈城市轨道交通工程项目建设标准〉的通知》（建标〔2008〕57号）
15	《煤炭工程项目建设用地指标——矿井、选煤厂、筛选厂及矿区辅助设施部分》（建标〔2008〕233号）
16	《关于批准发布〈城市社区体育设施建设用地指标〉的通知》（建标〔2005〕156号）
17	《关于批准发布〈城市生活垃圾处理和给水与污水处理工程项目建设用地指标〉的通知》（建标〔2005〕157号）

（3）有利于完善节约集约用地评价考核体系。

评价土地利用是否节约集约，需要从宏观、中观到微观，从区域到项目，开展多层次的节地评价考核。2008年以来，自然资源部开展了开发区建设用地集约利用潜力评价、单位GDP建设用地下降目标考核、城市建设用地节约利用评价。在上述评价考核工作开展过程中，研究制定了《建设用地节约集约利用评价规程》(TD/T 1018—2008)，该规程规定了建设用地节约集约利用评价的工作体系、程序内容、技术方法，成果验收、更新及应用等，主要适用于县级以上（含县级）行政区开展的区域建设用地节约集约利用评价和城市建设用地集约利用评价工作，初步形成了土地利用评价体系。但是，从评价的整体性、系统性看，针对具体建设项目的节约集约用地评价体系尚未建立，评价体系不健全、不完善，需要加快建立工程建设项目节地评价制度，明确节地评价的范围、原则和实施程序，形成宏观、中观和微观评价体系，通过评价工作的制度规范促进节约集约用地政策的落实。

3

抽水蓄能电站用地现状

3.1 抽水蓄能电站典型工程用地情况

3.1.1 国内用地总体情况

抽水蓄能工程是国家电网近些年高度重视的新能源产业项目。但抽水蓄能电站需要配备上水库、下水库、输水系统以及各类调控设施，比普通水电站占地规模更大。我国抽水蓄能电站的占地规模呈现三阶段发展趋势。第一阶段在2014年前，由于原国土部门介入较晚，抽水蓄能电站普遍存在用地模式粗放的现象；第二阶段，由于国土部门高度重视，节地评价逐步发挥作用，抽水蓄能电站占地规模呈逐年快速下降态势；第三阶段从2016年开始，抽水蓄能电站占地规模呈现平稳波动、缓慢下降态势。以1200 MW抽水蓄能电站为例，年度占地规模变化趋势为：2014年前为300～320 hm²，2014—2016年由300 hm²左右快速下降到220～250 hm²，2016年至今基本稳定在180～200 hm²（见图3-1）。

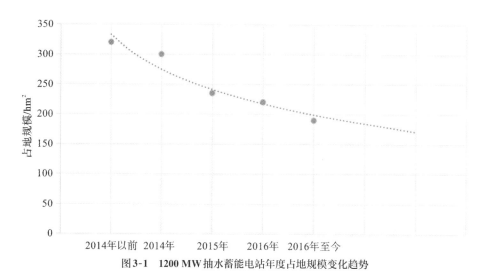

图3-1 1200 MW抽水蓄能电站年度占地规模变化趋势

3.1.2 广东省用地总体情况

《广东省国民经济和社会发展第十四个五年规划和2035年远景目标纲要》中提到，要有序建设抽水蓄能电站，推进基于低碳能源的智能化、分布式能源体系建设。目前广东省的抽水蓄能电站分布区域不断扩展，涉及惠州、深圳、清远、阳江、梅州、云浮、肇庆、汕尾、茂名、江门、韶关、潮州、广州等多地。全省14个抽水蓄能电站总用地面积52687.58亩（1亩约等于666.67 m²），其中2400 MW抽水蓄能电站总用地面积29966.57亩，平均用地面积4994.43亩；1280 MW抽水蓄能电站总用地面积5571.31亩，平均用地面积5571.31亩；1200 MW抽水蓄能电站总用地面积14945.67亩，平均用地面积2490.95亩；1000 MW抽水蓄能电站总用地面积2204.03亩，平均用地面积2204.03亩（见表3-1和表3-2）。

表3-1　广东省抽水蓄能电站装机容量和总用地面积

抽水蓄能电站名称	装机容量/MW	总用地面积/亩
惠州蓄能	2400	7625.93
深圳蓄能	2400	3285.13
阳江蓄能	2400	6335.00
梅州蓄能	2400	5117.10
韶关新丰	2400	4678.63
潮州青麻园	2400	2924.78
清远蓄能	1280	5571.31
云浮水源山	1200	2188.69
惠州中洞	1200	2477.96
肇庆浪江	1200	2216.47
陆河三江口	1200	3095.71
茂名电白	1200	2279.26
德庆石曹	1200	2687.58
江门鹤山	1000	2204.03
合计		52687.58

表3-2　广东省抽水蓄能电站装机容量与平均用地面积

装机容量/MW	平均用地面积/亩
2400	4994.43
1280	5571.31
1200	2490.95
1000	2204.03

3.2 广东省抽水蓄能电站用地特点

3.2.1 电站装机容量不同，用地面积差异较大

在广东省的14个抽水蓄能电站中，2400 MW抽水蓄能电站（6个电站）总用地面积为2924.78~7625.93亩，1280 MW抽水蓄能电站（1个电站）总用地面积为5571.31亩，1200 MW抽水蓄能电站（6个电站）总用地面积为2188.69~3095.71亩，1000 MW抽水蓄能电站（1个电站）总用地面积为2204.03亩（见图3-2）。不同装机容量的电站用地面积差异较大，往往装机容量越大，用地面积越大，但即使是同等装机容量的电站，其用地面积也存在一定的差异。

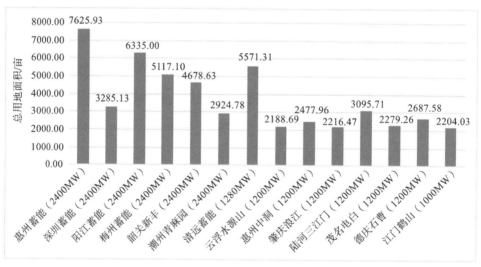

图3-2 广东省抽水蓄能电站总用地面积

3.2.2 电站用地分类明晰，有利于用地功能分区

广东省各抽水蓄能电站可按照上下水库淹没影响区，上下库坝区，上下水库环库道路和连接路，支线公路，进场公路，其他枢纽工程（如开关站、交通洞、通风洞、消能设施、调压室、自流排水洞、排风竖井、进出水口、隧洞口等），业主营地等列出分项用地面积，电站用地分类明晰。按照《广东省国土资源厅关于印发〈广东省建设项目节地评价实施技术指引（试行）〉的通知》（粤国土资利用发〔2018〕89号）要求，专家评审论证要对建设项目各功能分区规模的合理性进行审查。广东

省清晰的电站用地分类有助于对整个项目进行功能分区，能为节地评价工作的开展奠定用地分析数据基础。

3.2.3 上下水库连接道路在整个道路用地中占比较高

在抽水蓄能电站交通道路的分项用地中，上下水库连接道路在整个道路用地中占比较高。以深圳、清远、梅州、云浮水源山、肇庆浪江、陆河三江口、茂名电白、江门鹤山、韶关新丰、德庆石曹、潮州青麻园11个已有的抽水蓄能电站交通道路用地数据为例，其上下水库连接道路在整个道路用地中占比大多位于60%左右，德庆石曹抽水蓄能电站上下水库连接道路在整个道路用地中占比达到89.22%，见图3-3。

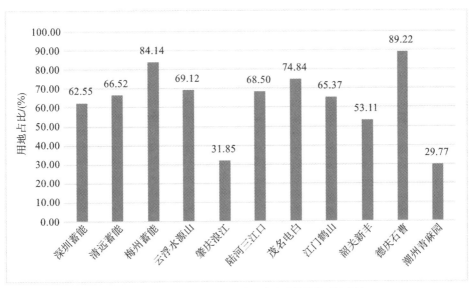

图3-3 广东省抽水蓄能电站上下水库连接道路用地占比

3.2.4 为满足实际需求及设计规范运输要求，占用道路用地面积较大

抽水蓄能电站对库容、上下水库的高程差有严苛的要求，因为上下水库的高程差决定了水在上下水库之间调用时的水能转化效率，进而决定抽水蓄能电站能够提供的电能资源。为克服地形地貌、地势起伏等因素对抽水蓄能电站安全建设及运行的影响，需建设上下水库环库道路，支线公路等，用以降低抽水蓄能电站工程建设和管理运行的难度。因此，项目建设不可避免地需要占用大量的道路用地。

此外，根据《水电工程施工总布置设计规范》（NB/T 35120—2018）第5.3.2条：
"与国家或地方公路相结合的过坝道路、厂坝连接道路、营地道路，其新建、改建标
准除应满足施工期运输要求外，还应满足现行行业标准《公路工程技术标准》（JTG
B01—2014）的规定"，以及相关行业标准可知，抽水蓄能电站建设工程占用道路用
地面积偏大。

3.3　抽水蓄能电站建设用地困境

抽水蓄能电站的建设缺乏相关用地标准，亟须制定相关用地标准。抽水蓄能是
当前技术最成熟、经济性最优、最具大规模开发条件的电力系统绿色低碳清洁灵活
调节电源，与风电、太阳能发电、核电、火电等配合效果较好。为努力实现"2030
年前碳达峰、2060年前碳中和"的目标，加快能源绿色低碳转型，加快发展抽水蓄
能产业势在必行，但当前抽水蓄能电站存在着用地无标准可依、审批时间长等用地
困境。

按照《国土资源部关于推进土地节约集约利用的指导意见》（国土资发〔2014〕
119号）的有关要求，对国家和地方尚未颁布土地使用标准和建设标准的建设项目，
因安全生产、地形地貌、工艺技术等有特殊要求确实需要突破土地使用标准的建设
项目，应开展节地评价。抽水蓄能电站工程属于国家和地方尚未颁布土地使用标准
的建设项目，须尽快开展用地标准探索。

同时，随着我国经济社会发展，抽水蓄能产业发展加快，抽水蓄能电站项目数
量和用地需求大幅增加，电站设计、施工、机组设备制造与运行水平不断提升，抽
水蓄能电站工程技术水平得到显著提升。但是相关用地标准缺失，亟须制定抽水蓄
能电站工程建设用地指标，对项目建设进行标准化、规范性约束。因此，需要结合
项目现场地形地貌、功能分区、工程布局等，核算和优化建设项目用地规模，促进
无标准建设项目节约集约使用土地，切实提高土地利用水平。

抽水蓄能电站工程设计过程

抽水蓄能电站设计包括站点普查、选点规划、规划设计、预可研和可行性研究等过程（见图4-1），其中决定用地规模、范围和位置的关键设计过程包括：正常蓄水位

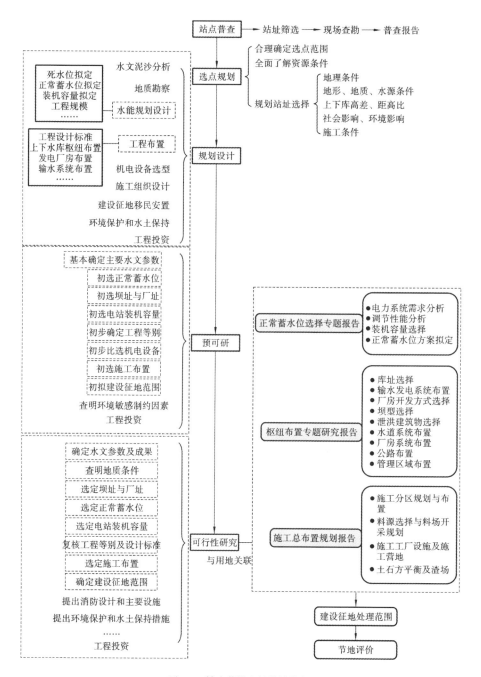

图4-1 抽水蓄能电站设计流程

选择（电力系统需求分析、调节性能分析、装机容量选择、正常蓄水位方案拟定）；枢纽布置（库址和坝址选择、输水发电系统布置、厂房开发方式选择、坝型选择、泄洪建筑物选择、水道系统布置、厂房系统布置、公路布置、管理区域布置）；施工总布置规划（施工分区规划与布置、料源选择与料场开采规划、施工工厂设施及施工营地规划、土石方平衡及渣场规划），这三部分内容是工程可行性研究阶段的重要专题，一般统称为"三大专题"。

其中，正常蓄水位选择专题通过方案比选，最终确定工程上下水库的正常蓄水位、工程装机容量、发电利用小时数以及其他的特征水位；枢纽布置专题通过各类不同方案的综合比选，最终给出推荐的枢纽总布置情况，包括确定库址和坝址、输水发电系统、厂房开发方式、坝型、泄洪建筑物、水道系统、厂房系统、公路、管理区域等的选择与布置；施工总布置规划专题通过方案比选，确定各类土石料来源、场内场外交通规划、各类施工场地及用房布置、施工组织形式及施工进度计划等。综上，"三大专题"的方案确定是工程开展可行性研究工作的基础，也是确定工程用地范围的依据。

4.1 抽水蓄能电站工程设计关键技术简介

4.1.1 正常蓄水位选择

抽水蓄能电站工程正常蓄水位选择应包括电力系统需求分析、调节性能分析、装机容量选择、正常蓄水位方案拟定等内容。

1. 电力系统需求分析

抽水蓄能是电力系统重要的绿色低碳清洁灵活调节电源，可为电力系统提供调节服务，有利于构建新型电力系统并促进能源绿色转型。进行电力系统需求分析可合理规划中远期抽水蓄能电站装机的总规模。电力系统需求分析包括调峰需求、经济需求、电网安全需求和各类电源联合调度运行需求分析。

（1）调峰需求规模。

通过电力系统必要性论证，确定中远期电力系统各电源装机需求以及抽水蓄能电站的装机规模。

根据规划设计水平年电力系统的装机需求及各类电源的装机规模，进行电力容量盈亏分析，确定电力市场空间。根据规划设计水平年电力系统的调峰需求及各类电源的调峰能力，进行调峰容量盈亏分析，确定满足电力系统调峰需求的抽水蓄能规模。

（2）经济需求规模。

根据规划设计水平年电力系统经济运行、电源结构优化角度分析确定需要配置的抽水蓄能电站经济规模，并从负荷水平、负荷特性、电源结构及运行特性等可能的变化情况，分析抽水蓄能电站的合理经济需求规模。

（3）电网安全需求规模。

从负荷备用、紧急事故备用、负荷调整、负荷跟踪、调频调相、吸发无功，以及电源结构优化、机组响应速度、机组运行灵活性等方面分析抽水蓄能电站的合理安全需求规模。

（4）各类电源联合调度运行。

从广东全省的角度，对水电、火电、核电、风电、太阳能等各类电源与抽水蓄能电站联合调度运行的可行性和经济性进行研究，分析广东省抽水蓄能电站合理的需求规模；从调峰需求、经济需求、电网安全需求三方面综合考虑，结合各类电源联合调度运行的可行性和经济性分析，合理确定电力系统需要新增的抽水蓄能电站装机规模。

2. 调节性能分析

根据调节时间（即按装机规模计算的连续满负荷发电时间）长短可把抽水蓄能电站的调节性能分为日调节、周调节和季调节;调节时间越长，抽水蓄能电站对电力系统的适应能力和服务能力就越强。调节性能是抽水蓄能电站的一项重要指标,它与电力系统负荷特性、电源类型及组成、调峰需求及抽水蓄能电站自身的天然蓄水条件等因素有关。

结合电力系统需求特性和抽水蓄能电站自身的建设条件，可分析确定抽水蓄能电站的调节性能和连续满发小时数。考虑规划水平年电力系统调峰需求，充分利用站址建设条件和有限资源，增加电站的调节时间，对提高电站的容量价值、运行灵活性与可靠性是有利的。

分析规划水平年典型日发电利用小时数、日最大发电利用小时数，根据区域电网需求，确定典型日尖峰负荷条件下抽水蓄能电站的日发电利用小时数。按低谷负荷抽水容量不超过日平均负荷计算，得到蓄能电站抽水的日最大发电小时数。据此选取三个满发利用小时作为比较方案。

根据实测库区地形图量算库容曲线，通过水利动能计算，初步确定水库正常蓄水位和死水位，并进行各方案工程建筑物布置、工程设计并估算工程量，估算投资量和效益，进行方案间技术性和经济性的比较，选择技术可行、经济合理的调节性能方案。

3. 装机容量选择

装机容量是抽水蓄能电站规划设计的关键问题，装机规模的大小取决于电力系统的需求和电站上下水库的自然条件，抽水蓄能上下水库成库后，兴利库容和水头差大小决定了总蓄能量，也就决定了装机容量和连续发电时间。选择大的装机容量，连续发电时间就会缩短，反之同理。确定装机规模时，需要根据设计水平年电网需求空间和电站自然条件，拟定 3～4 个装机容量方案进行技术经济比选。

抽水蓄能电站装机容量的大小与电力系统需求、系统潮流约束和抽水蓄能电站上下水库的自然条件有关。首先，电力系统需求大小是抽水蓄能电站装机规模的限制条件之一，即抽水蓄能电站装机规模不能超过电力系统需求；另外，调节性能确定后，抽水蓄能电站装机规模与水库蓄能量的大小有关，即抽水蓄能电站不能超过水库自然条件允许的最大装机规模。

结合抽水蓄能电站地形条件、地理位置、调节运行方式等确定抽水蓄能电站装机容量上限，确定上水库的正常蓄水位和下水库的正常蓄水位。根据发电调节时间相等的原则拟定水库特征水位、水库规模和估算各方案电站静态投资，并采用电源优化计算成果进行装机规模比选。单机容量一般选择400 MW、350 MW或300 MW，并在上下水库一定、一个厂房、n台机组布置的前提下进行技术经济比较。

技术经济比较分为经济指标比较和建设条件比较，经济指标比较以单位千瓦投资或单位蓄能量投资为对比指标来体现不同方案的优劣。建设条件比较一般从电站地形地质条件、水工建筑物布置、机电设备选型、施工组织设计、环境评价及水土保持、建设征地与移民安置等条件综合分析各装机容量方案的可行性。通常情况下，在保障不占或尽量少占生态红线、保护林地、基本农田等制约工程建设的敏感因素的前提下，选择地形地质条件更好、水工建筑物布置更易、输水发电系统设置更顺、施工条件更优、经济指标更低的方案。

4. 正常蓄水位方案拟定

正常蓄水位方案拟定包括确定水库最低死水位、拟定电站调节库容和上下水库正常蓄水位方案等。

（1）水库最低死水位的确定。

上下水库死水位的选择，可根据上下水库地形地质条件、泥沙淤积影响、枢纽布置要求、机组稳定运行要求、水源条件等因素拟定比选方案，进行技术经济分析比较后确定；也可与正常蓄水位选择相组合拟定组合比较方案，进行综合分析比较后确定。上下水库死水位的选择要同时满足下述4个条件。

①满足电站运行100年泥沙淤积要求，保证泥沙淤积不会影响水库的正常运行，死水位要在泥沙淤积高程以上。

②保证进出水口有良好的水流条件和足够的覆盖水深，一般淹没水深为4～5 m。

③保证电站机组稳定运行要求的上下水库水位的变化幅度或变化范围较小。抽水蓄能电站的机组最高净扬程与最小净水头之比应控制在一定范围内，这样才能保证机组在高效区运行，即水库水位的水头变幅越小越好。

④满足节省投资的要求。从泥沙淤积、进出水口水流条件、机组稳定角度考虑，死水位越高越有利。但在调节性能一定的情况下，死水位越高，坝体、引水系统、防渗处理等的工程量会越大，投资也会相应增加越多。

（2）抽水蓄能电站调节库容。

抽水蓄能电站调节库容包含发电库容、水损备用库容、综合利用库容等。

抽水蓄能电站上下水库调节库容中发电库容的确定与电站的调节性能有关。发电库容是为满足电站承担电力系统调峰、填谷、储能、调频、调相、事故备用等任务需求而设置的库容。发电库容应根据电站在典型日（周）负荷图上的工作位置来确定。

综合利用库容是为满足防洪、灌溉、供水等综合利用要求而设置的库容。当利用已建水库作为抽水蓄能电站的上水库或下水库时，在不改变原水库所承担任务的条件下，应兼顾原综合利用与抽水蓄能电站发电用水的要求，合理配置综合利用库容与抽水蓄能电站发电用水要求。

水损备用库容是在正常运行期入库径流无法满足蒸发、渗漏等水量损失时，为弥补该损失而设置的备用库容。广东省径流丰枯分布不均，枯水期来水较少，当天然来水保证率达不到95%～98%时，由备用库容补充蒸发、渗漏等水量损失。

（3）上下水库正常蓄水位方案拟定。

在调节性能和装机规模确定后，正常蓄水位比选要考虑以下主要影响因素。

①调节性能和装机规模。电网要求电站周调节比日调节所需的调节库容大，所需的正常蓄水位就高一些。同样调节性能要求条件下，装机规模越大，所需的调节库容越大，正常蓄水位就越高。

②库区地形地质条件。库区地形地质条件是限制正常蓄水位的主要因素之一。

③死水位和机组运行要求。一般而言，在蓄能量相同条件下，死水位越高，需要的正常蓄水位就越高，水位变化幅度就越小，对机组稳定运行越有利，但坝体工程量会增加。死水位越低，需要的正常蓄水位也相应降低，水位变化幅度加大，对机组稳定运行不利，但坝体工程量会减少。

因此，需要综合考虑上述因素，拟定三个可行的正常蓄水位方案，并经技术经济比较，选择合理的正常蓄水位，见表4-1。

表4-1　正常蓄水位选择关键要素

序号	关键技术	具体技术内容	关键要素	
1	正常蓄水位	水库最低死水位确定；抽水蓄能电站调节库容；上下水库正常蓄水位方案拟定	电力系统需求	调峰需求规模
2				经济需求规模
3				电网安全需求规模
4				各类电源联合调度运行
5			调节性能分析	电力系统需求特性

序号	关键技术	具体技术内容	关键要素
6			抽水蓄能电站自身建设条件
7		装机容量选择	电力系统需求
8			系统潮流约束
9			抽水蓄能电站上下水库自然条件

4.1.2　枢纽布置

抽水蓄能电站工程枢纽总布置一般包括上水库、下水库、输水系统、电站厂房系统、开关站、出线场、交通工程，特殊情况下还包括拦排沙工程、补水工程和生态泄放工程等。工程总布置应根据水文、气象、地形、工程地质条件，施工条件，环境保护，征地移民及运行要求等因素，通过技术经济综合比较来确定。

1. 库址和坝址选择

根据抽水蓄能电站工程设计过程，抽水蓄能电站上下水库库址和坝址是根据地形地质条件来选择、确定的，宜综合考虑两库间水平距离、水头差、天然库容等因素，进行库坝技术经济综合比选，确定抽水蓄能电站的库址和坝址。

库址和坝址方案的确定直接影响上下水库的水头差和距离，影响输水系统的长度和电站的距高比，甚至影响整个电站的规模。库址和坝址的选择是一个复杂的综合比较过程，选择方案不能涉及生态红线、保护林地等制约因素，地形地质条件要与其他比选方案相当，涉及的搬迁安置移民不宜过多，各类水工建筑物的规模不宜调整过大，施工难度及工程量应基本相当，机电设备选择不宜存在制约因素，工程建设经济指标不宜过高等。在满足上述条件的前提下，可考虑选择用地面积较小的库址和坝址方案作为工程推荐方案。

抽水蓄能电站上水库一般位于山顶盆地，可比选的库址和坝址不多，上水库的库址和坝址选择主要考虑是否存在生态保护和环境保护等方面的严格控制因素。下水库多在溪流上筑坝形成或结合原有的水库改扩建形成，是库址和坝址比选的关键工作，下水库的选择直接影响上下水库的水头差和距离，影响输水系统的长度和电站的距高比，如果涉及结合原有水库问题，还应考虑保留原水库功能还是补偿征用等问题。因此，抽水蓄能电站下水库的选择应结合水库库容、地形地质条件、施工难度、征地移民条件、环境保护因素、工程投资等多方面因素综合比较确定。

2. 输水发电系统布置

根据初步拟定的上下水库库址和坝址、电站特征水位等，结合两水库之间的地形地质条件，选择可能的输水发电系统布置方案，包括进出水口位置、调压室位置及地下厂房位置、轴线、进出水的方向。经过布置方案经技术经济比选后，得出推荐的输水发电系统布置方案（见图4-2）。方案比选的原则主要有以下几点。

（1）输水系统线路应综合考虑地形地质条件、枢纽总布置格局、水力学条件等因素确定。

（2）在满足枢纽总布置要求的前提下，洞线宜选在地质构造简单、岩体完整稳定、水文地质条件较好、施工便利的区域范围。

（3）洞线与主要构造断裂带及软弱带的走向应有较大的夹角。

（4）尽量选择输水系统布置线路短、工程量少的方案。

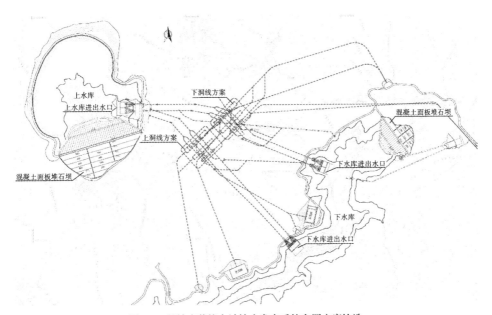

图4-2　某抽水蓄能电站输水发电系统布置方案比选

（5）输水系统沿线围岩的覆盖厚度应满足相应衬砌形式的要求。

3. 厂房开发方式选择

厂房是输水发电系统中的主要建筑物，厂房形式和位置选择在很大程度上决定了输水建筑物的形式和布置，对电站运行和工程造价影响较大，应综合考虑地形条件、枢纽建筑物布置、运行条件、施工条件等因素，选择合理的厂房开发方式。根据厂房在输水发电系统中的位置，厂房的开发方式分为首部式、中部式、尾部式。

厂房开发方式的选择应在选定输水发电系统布置方案的基础上，根据最新的地形地质资料、初步的水力过渡过程计算成果，并结合调压室布置进行选择。

4. 坝型选择

上下水库坝型的选择应根据水文条件、气象条件、地形地质条件、当地材料、地震烈度、施工条件、运行条件等，参照各种坝型的有关设计规范进行技术经济比较选定。根据地形地质条件，坝基弱风化层埋深较浅时，坝型可选择混凝土重力坝。当结合库盆开挖有大量土石方需要弃置时，设计中应按照土石方挖填平衡原则选择坝型。当结合水库地形地质条件，能充分利用当地材料筑坝时，可选择面板堆石坝和心墙堆石渣坝。

5. 泄洪建筑物选择

上下水库泄洪建筑物的布置，除应满足洪水安全下泄要求外，还应分析天然洪水与电站发电或抽水流量叠加的影响，合理选择泄洪建筑物的类型和布置。

6. 水道系统布置

（1）供水方式及衬砌形式选择。

根据电站运行需要、地形地质条件和技术经济比较，水道系统供水方式可布置成一洞一机、一洞两机和一洞多机等形式（见图4-3～图4-6）。一洞一机供水方式灵活，投资大；一洞多机供水方式相对不灵活，但投资较少，对地质条件和输水系统结构设计要求高；一洞两机供水方式介于两者之间，是目前国家电网抽水蓄能电站选择的主流供水方式。早期广东地区的抽水蓄能电站由于优先选址于地质条件好的花岗岩地区，因此水道系统供水方式多以一洞多机的形式为主。

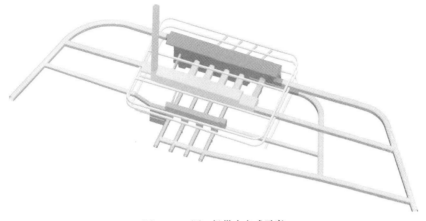

图4-3　一洞一机供水方式示意

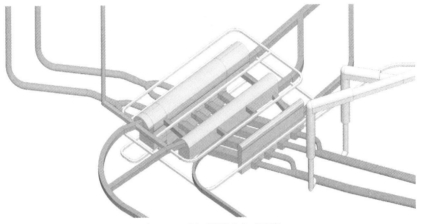

图4-4　一洞两机供水方式示意

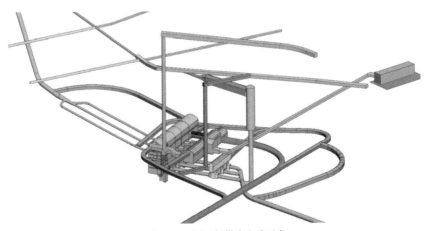

图4-5　一洞三机供水方式示意

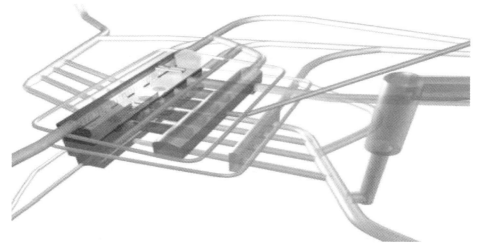

图4-6 一洞四机供水方式示意

　　抽水蓄能电站水道系统压力管道的衬砌形式主要有钢板衬砌和钢筋混凝土衬砌两种（见图4-7和图4-8）。广东地区抽水蓄能电站由于优先选址于地质条件好的花岗岩地区，因此压力管道的衬砌形式以钢筋混凝土衬砌为主。

图4-7 钢板衬砌安装照片

图4-8 钢筋混凝土衬砌施工照片

（2）进出水口位置及形式选择。

抽水蓄能电站进出水口既要适应水流的双向流动，又要适应水库水位频繁骤升骤降变化，因此进出水口位置的选择应综合考虑上下水库库岸的地形地质条件、施工条件、上下水库大坝及地下厂房平面位置，同时还应满足水道系统布置顺畅且较短、进出水流流态较好、进出水口边坡开挖支护工程量相对较小等要求。

抽水蓄能电站进出水口形式主要有侧式和井式。侧式进出水口的输水道与水库呈水平向连接；井式进出水口的输水道采用竖井与水库底垂直连接。井式进出水口要求四周较均匀进水，适宜布置在相对较宽敞的库内，另外，井式进出水口通常埋藏于较深的隧洞，位置较为灵活，可减少开挖工程量，设置在较陡库岸时的优势十分突出。

目前国内蓄能电站，特别是大型抽水蓄能电站的进出水口，大多采用侧式，井式运用较少。从已建广蓄、天荒坪等蓄能电站多年实际运行效果来看，侧式进出水口运行稳定，水流条件较好，均能很好地满足蓄能电站双向水流的条件。与井式相比，侧式实际运用的经验更多，技术更成熟。

7.厂房系统布置

（1）厂房位置及轴线选择。

地下厂房位置及轴线的正确选择能有效控制工程的设计和施工风险，减少工程投资，而且能有效控制地下水，改善地下厂房的运行环境。厂房位置及轴线的选择应遵循以下原则。

①厂房轴线方向宜尽量垂直于地质主要结构面，或具有较大的交角，同时要兼顾次要结构面及中低地应力对洞室稳定的影响。

②厂房位置及轴线的选择应考虑水道系统和辅助洞室的布置，使总体枢纽布置协调合理、流道顺畅。

③厂房位置的选择，应力求将厂房洞室群布置在新鲜、完整的岩体中，尽量避开大的断层和破碎带，尽量选择在岩体裂隙水不发育的地区。

④当厂房上游高压管道采用钢筋混凝土衬砌时，应优先关注高压岔管选择位置的地质条件及埋深要求。

⑤如有可能调整轴线方向，尽量使引水管路斜向进厂，可以缩小厂房宽度，有利于围岩的稳定。

（2）开关站及高压电缆洞布置选择。

开关站可以控制电能分配，根据开关设备的类型开关站可以分为敞开式和GIS组合式。敞开式开关站一般布置在地面，设备投资少，但占地面积大，可靠性差，仅早期混合式或中小型抽水蓄能电站采用。目前大型抽水蓄能电站大多采用安全可靠性能好、占地面积小、投资较高的GIS组合式开关站，其内布置有GIS楼主副厂房、出线场、柴油发电机房及门卫室等。

开关站位置的选择应综合考虑地形地质条件、枢纽建筑物布置、高压电缆洞的布置方式和场地防洪安全等因素。开关站及高压电缆洞布置遵循以下原则。

①地质条件较好：地面开关站宜布置在地质构造简单，风化、覆盖层及卸荷带较浅的岸坡，避开不良地质构造、山崩、危崖、滑坡及泥石流等地区，并应尽量避免高边坡开挖。

②方便对外交通：地面开关站应与较好的厂区交通干道连接。

③方便施工：地面开关站应选择交通便利的位置，缩短运距，方便施工，缩短工期。

④方便运行管理：地面开关站宜选择靠近电站控制中心和业主营地的位置，便于后期的运行管理。

⑤方便出线：开关站的位置应方便对外线路的布置和施工。

（3）交通洞和通风洞布置方案选择。

交通洞是连接地下厂房与地面的主要交通运输通道，是施工期地下厂房开挖的主要施工和运输通道，是运行期主要的交通、通风及安全疏散通道。通风洞是运行期厂房的永久通风及人员安全疏散通道，同时是施工期主厂房和主变洞上层开挖的主要施工通道。

交通洞和通风洞的洞口布置一般应遵循以下原则。

①洞口应选择在地质条件较好的区域：宜避开冲沟、滑坡体、崩塌体及不稳定的陡崖，且尽量避开水文地质条件复杂及严重不良地质段。

②洞口应满足防洪安全：洞口地面高程宜高于厂房非常运用洪水位，若洞口位置低于该水位，应设置防洪措施和人员安全进出通道。

③方便对外交通：洞口应方便与厂区交通干道连接。

④方便施工：通风洞作为地下厂房上层开挖的主要施工和运输通道，交通洞作为地下厂房主要施工和运输通道，洞口位置的选择应结合施工场地的布置，选择在交通较为便利的位置，以缩短运距，方便施工。

⑤有利于线路布置的优化，节约工程投资：交通洞纵坡以不大于8%为宜，以此估算其平均纵坡最好小于6%，通风安全洞纵坡以不大于10%为宜；洞口的位置选择应使得洞室的线路长度及纵坡坡度适中，线路布置较为顺畅，尽可能避免过多的弯段，在满足纵坡要求的前提下，优化线路布置，减少洞线长度，节约工程投资。

⑥方便运行管理：交通洞作为进出地下厂房主要交通、通风及人员安全疏散通道，通风洞作为运行期主要的通风及安全疏散通道，两洞的洞口宜布置在距离电站控制中心较近处，方便运行管理。

（4）通风方案选择。

因地下厂房埋藏深，地下洞室施工期、运行期通风方案的布置原则如下。

①通风方案的拟定，除了满足运行期地下洞室的永久通风要求，还应满足施工期地下洞室的临时通风要求，尽可能做到永临结合，减少工程投资。

②通风、空调系统应充分利用已布置的地下厂房枢纽洞室群以及施工支洞进行设计，在充分利用已有的地下厂房洞室群以及施工支洞仍不能满足通风、空调系统设计要求时，才应考虑增加必要的附属洞室。

8. 公路布置

抽水蓄能电站由上水库、下水库、输水发电系统构成，具有水头高、支洞多、施工工作面分散以及弃渣场规模大等特点。场内交通规划是根据水电工程枢纽布置、施工总布置、施工总进度对场内运输的要求，合理布置建筑物施工、料场、渣场、主要施工附属设施、生产生活区等道路。其设计与枢纽建筑物方案、施工总布置的关系极为密切。与普通公路相比较，抽水蓄能电站的场内交通需要穿越枢纽建筑物和施工场地，而电站又是处于山岭丘陵地带，地形、地质、气候、水文等条件十分复杂，致使场内交通具有工程规模大、施工难度大、制约性因素多等特点，且环境保护、水土保持及景观要求均较高。根据各电站枢纽布置和施工总布置的不同，场内交通的布置也各有特点，但由于各抽水蓄能电站枢纽建筑物的组成和施工分区大体相同，因此，场内交通一般都由进场道路、上下水库连接道路、环库道路、渣场道路等组成。场内交通布置的一般应遵循以下原则。

①充分利用地形、地势，尽量少出现回头弯。

②选择地质稳定、水文地质条件好的地带通过，尽量避开排水不良的低洼地等不良地段。

③少占耕地、少拆迁，多利用山地，有条件的地方尽量结合或靠近现有道路。

④路线总里程较短、地形坡度较平缓、转弯平顺。

⑤尽量避开环境保护方面的不利因素，有效保护环境。

⑥尽量减少开挖弃渣量、避免高边坡路基，减少水土流失，道路布置考虑与沿线自然景观协调。

⑦路线应与电站枢纽的各个地面建筑点结合，并根据电站运行管理和施工需要，

设置必要的环库路。

⑧路线应结合施工规划布置，尽量经过或靠近施工工区及施工支洞洞口等，减少施工临时道路的设置。

⑨场内永久道路建成后，不能影响当地的交通规划。

9. 管理区域布置

（1）业主营地布置。

业主营地是抽水蓄能电站员工生产、办公、生活的场所，业主营地的建设规模是根据装机容量和电站定员人数确定的总建设规模及用地规模。

业主营地应根据电站运行管理模式的需要合理布置，既要便于生产与管理，又要有适合生活的人居环境，对内对外交通都要便利通畅。营地选址通常根据项目实际地形地貌条件，选择场地较为平缓，尽量靠近环库公路的位置。

业主营地通常远离城镇，为方便电站运行管理人员办公生产生活，必须配建办公楼、中控楼、宿舍楼、食堂、值班房及辅助生产生活所需的水泵房、污水处理房、配电房等。此外，可选择性配建员工活动中心等文体类建筑。办公楼、宿舍楼、食堂根据电站定员定编人员、《水电工程费用构成及概（估）算费用标准（2013版）》第3.11节并结合业主实际使用情况确定建筑物规模，从而确定其占地面积。中控楼、水泵房、污水处理房、配电房根据相关专业设备要求确定其建筑物规模，从而确定其占地面积。

建筑物的层数是根据各功能建筑物建筑面积，结合各自功能布置，通风采光要求、消防规范规定的防火分区要求、建筑物外观体量、建筑物美学体量等因素综合考虑确定，走廊疏散长度要求等确定最经济、所需配置设备最少的布置，从而确定建筑物层数。

建筑布置利用道路及绿化对场地进行合理分区，使不同功能的建筑物互不干扰，同时，也保持各功能用地和建筑之间相应的联系，既创造合理便利、功能齐全的办公条件，也营造一个生产生活的优美环境。道路可以联系各建筑物和疏解交通，并无固定的占地面积指标，其建设地块相对狭长的，场地不规则的，交通面积占比大；建设地块相对方正的，建筑物布置更集中，交通面积则占比小。绿化组成通常为道路与地块边界所退让形成的不规则用地复绿；建筑物因消防规范要求达到安全距离所产生的空地复绿；建筑物因消防规范要求退让道路，空出消防登高救援所需要的距离而形成的空地复绿。

（2）其他管理区域布置。

①上水库管理区。

抽水蓄能电站上水库与下水库之间距离较远，且为山间公路，交通条件较差，为了便于联系、加强管理，上水库单独设置管理用房，主要功能包括办公室、值班房等，为满足管理房正常运行，还应配套配电房、水泵房、污水处理房等相关设备用房。

②仓储管理区。

仓储管理区应配建车间、重型设备库、普材库、特品仓库、室外堆场等仓储用房和仓储区域。

仓储管理区的建筑物建设指标计算通常根据历来抽水蓄能电站运行管理经验总结而成，不断优化更新，便于后期检修维护使用。

抽水蓄能电站管理设施功能分区见表4-2。

表4-2　抽水蓄能电站管理设施功能分区

位置	管理设施
业主营地	办公楼
	中控楼（调度中心）
	宿舍楼
	食堂
	配电房
	水泵房
	污水处理房
	值班房
上水库管理区	上水库管理用房
	水泵房
	配电房
	污水处理房
	值班房

位置	管理设施
仓储管理区	车间
	重型设备库
	特品仓库
	恒温恒湿库
	普材库
	车库
	配电房
	污水处理房
	水泵房
	值班房
	室外堆场

枢纽布置关键要素见表4-3。

表4-3　枢纽布置关键要素

序号	关键技术	具体技术内容	关键要素
1	枢纽布置	库址和坝址选择	上下水库之间水平距离
2			上下水库之间水头差
3			水库库容
4			地形地质条件
5			环境保护因素
6			施工难度
7			征地移民条件
8			工程投资
9		输水发电系统布置	地形地质条件
10			枢纽总布置格局
11			水力学条件
12		厂房开发方式选择	地形条件
13			枢纽建筑物布置
14			运行条件
15			施工条件

序号	关键技术	具体技术内容		关键要素
16	枢纽布置	坝型选择		水文条件
17				气象条件
18				地形地质条件
19				当地材料
20				地震烈度
21				施工条件
22				运行条件
23		泄洪建筑物选择		洪水安全下泄要求
24				天然洪水与电站发电或抽水流量叠加影响
25		水道系统布置	供水方式及衬砌形式选择	地形地质条件
26				电站运行需要
27				技术经济
28			进出水口位置及形式选择	上下水库库岸的地形地质条件
29				施工条件
30				上下水库大坝及地下厂房平面位置
31				水道系统布置
32				工程量
33		厂房系统布置	厂房位置及轴线选择	地形地质条件
34				水道系统和辅助洞室的布置
35			开关站及高压电缆洞布置选择	地形地质条件
36				枢纽建筑物布置
37				出线洞的布置方式
38				场地防洪安全
39			交通洞和通风洞布置方案选择	地质条件
40				防洪安全
41				对外交通条件
42				施工条件
43				工程投资
44				运行管理条件
45			通风方案选择	地下洞室的永久通风要求
46				施工期地下洞室的临时通风要求

序号	关键技术	具体技术内容	关键要素	
47	枢纽布置	公路布置	水电工程枢纽布置	
48			地形地势条件	
49			现有道路条件	
50			环境保护因素	
51			施工总布置	
52			施工总进度	
53		管理区域布置	业主营地布置	装机容量和电站定员人数
54				地形地貌条件
55				电站正常运行管理需求
56				业主实际使用需求
57				专业设备要求
58			其他管理区域布置	上水库管理房建设指标通过定员定编人员计算
59				仓储管理区的建筑物建设指标计算通常根据历来抽水蓄能电站运行管理经验总结

4.1.3　施工总布置规划

抽水蓄能电站施工总布置规划专题研究报告主要内容包括料源选择与料场开采规划、施工工厂设施及施工营地规划、土石方平衡及渣场规划等。遵循因地制宜、有利生产、方便生活、环境友好、节约资源、经济合理的原则，满足工程建设和运行管理要求，合理规划料场、渣场、主要施工生产生活设施场地、业主营地、场内交通以及水土保持、环境保护设施等施工用地，明确施工总布置比选后的推荐方案，确定枢纽工程建设区用地范围和征地范围（永久征收和临时征用），满足工程建设征地补偿和移民安置规划需要。

1. 施工分区规划与布置

结合国家、地方和行业对工程建设的有关要求，项目建设单位和有关方面对工程建设的有关诉求，以及工程施工特点和场地条件进行施工总布置和分区规划。

抽水蓄能电站施工工作面多，施工布置一般采取"大集中、小分散"的方式，相对集中布置在上下水库区域范围内。施工分区规划通常分为上水库施工区和下水库施工区，部分临时设施施工根据工程项目工作面实际需要，可进行零星分散布置，统称为其他零星施工区（见表4-4）。另外，施工场地布置规划应充分考虑各标段承包人用地需要来进行合理的区域划分，尽量减少相邻标段分包商之间的施工干扰。根据施工总进度安排，对于进退场时间不重叠的分包商，可安排同一处或几处施工临时用地，但在现场施工管理中，应采取有效措施，厘清各标段施工场地撤让关系，确保在后续分包商进场前，该地块的前期分包商已退场及清理完毕。

表4-4　某电站施工分区规划特性情况

序号	施工分区	区内分块	地块位置	地块用途规划	备注
1	上水库施工区		上水库库盆东北面约1km处的平缓坡地及附近一处较大的天然冲沟	上水库区土建承包商施工工厂设施、仓库及弃渣场	
2	下水库施工区	1#	下水库大坝下游河道及左右岸沟谷地带	下水库区土建承包商砂石料加工系统、混凝土生产系统、钢管加工厂及弃渣场	整体平整至137.0m高程
3		2#	上下水库连接道路1#隧道出口附近相对平缓坡地	上下水库区土建承包商办公生活营地及仓库	
4		3#	下水库库内右岸平缓坡地	下水库区土建承包商部分施工工厂设施	下水库下闸蓄水前拆除
5		4#	下水库右岸石料场开采取料完成后形成的平台场地	机电安装承包商办公生活营地及施工工厂设施	土建承包商开采完成后提供
6	其他零星施工区			零星施工工厂设施	

　　在对工程区可资利用的场地条件进行充分调查，经综合比较选定施工场地后，结合施工总布置和分区规划原则、施工场地条件、工程建设管理需要等，提出施工分区的总体思路和规划布置方案。

2. 料源选择与料场开采规划

料源选择包括下列内容：提出混凝土骨料、石料及土料的设计需要量；勘察分析混凝土骨料、石料、土料等各料场的分布、储量、质量、开采运输及加工条件、开采获得率和工程开挖料利用规划，计算得出料场设计开采量和料场规划开采量；结合混凝土和填筑料的设计和试验研究成果，考虑拦洪蓄水、环境保护、水土保持、占地补偿等影响以及施工方法、施工强度、施工进度等条件，通过技术经济比较选择料源。

3. 施工工厂设施及施工营地规划

抽水蓄能电站施工工厂设施包括砂石加工系统、混凝土生产系统、施工压缩空气、供水及供电系统、综合加工及机械修配厂等，其中砂石加工系统临时用地面积相对较大。另外，为满足工程施工需要，需要专设临时场地用于现场各标段承包商施工营地建设，这也需要占用较大的临时用地面积。施工工厂设施及施工营地应不占或尽量少占农田，应不涉及房屋拆迁。

4. 土石方平衡及渣场规划

抽水蓄能电站土石方工程量较大，须精心编制施工进度计划，总体安排土石方工程施工，合理地进行土石方平衡设计，充分利用主体建筑物自身开挖渣料，合理布置土石料转运场地和弃渣场地，以减少工程天然建筑材料开采量和弃渣量，降低因开采天然建材和工程渣料对环境造成的影响，并须落实工程建设后期生态环境恢复措施，以达到建设绿色抽水蓄能电站的目的。

为便于土石方平衡设计，根据施工进度安排，将工程土石方开挖分年累计量和工程土石方填筑及混凝土浇筑分年累计量进行对比，从已建和在建电站的情况来看，土石料的开挖供应在施工进度上基本能够与土石料的填筑和混凝土浇筑的料源需要相匹配。

渣场应选择地形、地质条件适宜的场地，对于地形、地质条件适应性差的渣场，须采取相应的工程措施。渣场不得布置在法律规定禁止的区域，不得影响工程、居民区、交通干线或其他重要基础设施的安全。渣场宜靠近开挖作业区的山沟、山坡、荒地、河滩等地段，不占或少占用耕地、林地。在有条件的情况下，可将渣料堆弃于水库库内死水位以下区域，但不得妨碍施工期导流、度汛及永久建筑物的正常运行。

施工总布置规划关键要素见表4-5。

表4-5　施工总布置规划关键要素

序号	关键技术	具体技术内容	关键要素
1	施工总布置规划	施工分区规划与布置	工程项目工作面实际需要
2			各标段承包人用地需要
3			各标段施工场地撤让关系
4		料源选择与料场开采规划	建筑物对各类料源的设计需求量
5			库内开挖及建筑物自身开挖可利用量
6			料源的储量和质量
7			料源开采及运输条件
8			征地及环境条件
9		施工工厂设施及施工营地规划	地形地质条件
10			工厂设施生产规模
11			承包商高峰劳动力投入人数
12			征地及环境条件
13		土石方平衡及渣场规划	地形地质条件
14			库内开挖及建筑物自身开挖可利用量
15			施工进度安排和空间区域划分
16			征地及环境条件

4.2　工程建设用地范围设计

抽水蓄能电站建设征地处理范围应包括枢纽工程建设区和水库淹没影响区。移民安置迁建、复建和新建项目用地范围应按国家和有关省级人民政府政策文件以及相关技术标准的规定执行。

抽水蓄能电站建设征地处理范围界定的任务应在遵循节约集约用地、满足抽水蓄能电站建设和运行需要、保障人民生命财产安全的基础上，根据枢纽工程施工总布置方案，确定枢纽工程建设区范围；根据水库淹没特点、特征水位和相关地质勘察成果确定水库淹没影响区范围。根据项目用地特点，分析确定征收和收回、征用和租赁等处理范围，分区分类划定建设征地移民界线。

4.2.1 水库淹没影响区

抽水蓄能电站水库淹没影响区用地范围根据审定的正常蓄水位选择专题报告、《抽水蓄能电站建设征地移民安置规划设计规范》（NB/T 11173—2023）及《水电工程建设征地处理范围界定规范》（NB/T 10338—2019）确定。

抽水蓄能电站水库淹没影响区应结合成库条件分析确定，包括水库淹没区和水库影响区。

1. 水库淹没区

水库淹没区应包括水库正常蓄水位的淹没区域，以及水库正常蓄水位以上受水库影响的临时淹没区域。

根据《水电工程建设征地处理范围界定规范》（NB/T 10338—2019）规定，在水库淹没线确定过程中，须考虑以下五条高程线：设计洪水回水线、正常蓄水位＋风浪高度线、正常蓄水位＋船行波高度线、正常蓄水位＋安全超高线、冰花大量出现时平均水位＋冰塞壅水高程线。水库淹没区范围按以上5条高程线形成的外包线确定，其中正常蓄水位按照审定的正常蓄水位选择专题报告确定。

（1）设计洪水回水线。

水库洪水回水区域应选择不同淹没对象来设计洪水标准，计算分期洪水回水水面线，合理确定回水末端（见表4-6）。淹没对象设计洪水标准的确定应符合下列规定。

①淹没对象设计洪水标准应根据淹没对象的重要性、耐淹程度、水库调节性能及运用方式，在安全、经济和考虑其原有防洪标准的原则下分析确定。

②铁路、公路、电力、电信、水利、文物古迹等淹没对象的设计洪水标准应按现行国家标准《防洪标准》（GB 50201—2014）及相关行业标准的规定确定。当标准无规定的，可根据淹没对象的重要性研究确定设计洪水标准。

③不同淹没对象设计洪水标准应按表4-6所列设计洪水重现期的上限，如果选取其他标准应进行分析论证。

表4-6　不同淹没对象设计洪水标准

淹没对象	洪水频率/（%）	重现期/年
耕地、园地	50～20	2～5
林地、草地、未利用地	正常蓄水位	
农村居民点、急诊、一般城市、一般工矿区	10～5	10～20
比较重要城市、中等工矿区	5～2	20～50
重要城市、重要工矿区	2～1	50～100

（2）水库安全超高值。

水库安全超高的范围应从安全角度考虑，分析水库周围耕地和居民点淹没影响程度，可根据水库因风浪、船行波影响等因素综合确定。

在回水影响不显著的坝前段，风浪爬高和船行波波浪爬高应根据计算确定，取两者中的大值作为水库安全超高值。耕地的水库安全超高计算值小于0.5 m的应按0.5 m确定，居民点的水库安全超高计算值小于1.0 m的应按1.0 m确定。

2. 水库影响区

水库影响区应包括由蓄水引起的滑坡、塌岸、浸没、变形库岸、内涝、水库渗漏等需要处理的区域，以及减水河段、失去基本生产生活条件的库周和孤岛等其他受水库蓄水影响需要处理的区域。水库影响区应符合现行行业标准《水电工程水库影响区地质专题报告编制规程》（NB/T 10129—2019）的有关规定，并在水库影响区地质专题报告评价成果的基础上，根据影响对象的重要性和受危害程度分别界定。

4.2.2　枢纽工程建设区用地

枢纽工程建设区应根据施工总布置方案，结合用地和影响对象情况分析确定。

枢纽工程建设区应包括上下水库枢纽工程、渣场、上下水库连接道路、场内交通、开关站、进出水口、施工生产生活设施等的用地。枢纽工程建设区应分为永久占地区和临时用地区。对外交通、现场运行管理营地、施工供电和供水工程用地范围应按枢纽工程施工总布置方案、地方相关规划和用地取得方式分析确定。

1. 永久占地

上下水库枢纽工程建筑物、上下水库连接道路、场内永久交通设施、开关站、进出水口、发电厂房、现场运行管理营地等区域应划为永久占地区。水库淹没区与枢纽工程建设区重叠部分，应纳入水库淹没区，可按用地时序要求与枢纽工程建设区一并先行处理。

永久占地范围线的设计要根据审定的施工总布置对比专题确定的枢纽平面布置，并按照相关规范以开挖线外扩一定距离划定，《水电工程施工总布置设计规范》（NB/T 35120—2018）对此做出了如下规定。

（1）上下水库大坝以建筑物开挖轮廓线、顶部截水或防护设施边坡开口线为基准线，按开挖边坡高度 H 确定，并应符合下列规定。

①$H \leqslant 50$ m 时，用地范围线向外延伸 20～30 m；

②$50$ m $< H \leqslant 100$ m 时，用地范围线向外延伸 30～50 m；

③$100$ m $< H \leqslant 200$ m 时，用地范围线向外延伸 50～100 m；

④$H > 200$ m 时，用地范围线向外延伸 100～150 m。

（2）营地占地面积可按建筑面积的 3～5 倍确定。用地范围以场地平整后开挖边坡开口线或填筑坡脚线为基准线，向外延伸 5～20 m。

（3）由于抽水蓄能电站一般选址于山区，永久道路、各类洞口、开关站、调压室等枢纽建筑物不可避免地需要考虑开挖边坡及防护措施，根据《水电工程边坡设计规范》（NB/T 10512—2021）相关规定，边坡工程治理包括边坡开挖、地表及地下排水、边坡加固与支护等；边坡综合治理应根据地形地质条件因地制宜地进行边坡地表截水和排水系统设计。

水电工程开挖边坡一般较为高陡，边坡防护工程量大，边坡顶部需要布设完善截排水设施或其他防护设施。根据《水电工程边坡设计规范》（NB/T 10512—2021），截排水设施应至少在坡脚线外 5 m，根据地形条件及汇水面积等进行设置，其断面形式及尺寸应结合设置位置、排水量、地形及边坡情况综合确定，一般情况下断面宽度 0.5～1 m。

因此，凡是涉及边坡开挖的枢纽建筑物，为布置截排水设施，用地设计时一般会沿枢纽建筑物坡脚线外扩5.5～6 m作为该布置的永久占地范围线。

2. 临时用地

渣场、施工生产生活设施、建设期管理营地、场内临时交通道路等应划为临时用地区。

临时用地范围线的设计要根据审定的施工总布置对比专题确定的施工平面布置，并按照相关规范以开挖线外扩一定距离划定，《水电工程施工总布置设计规范》（NB/T 35120—2018）对此做出了如下规定。

（1）渣场。

渣场用地范围应按堆渣容量、地形地质、堆渣方式、堆置要素、拦挡和截排水设施布置、弃渣场与重要设施之间的安全防护距离等因素分析确定，并应符合下列规定。

①堆渣体用地范围以堆渣外轮廓线为基准线，向外延伸5～20 m。

②挡排水设施用地范围以建筑物开挖开口线或填筑坡脚线为基准线，向外延伸5～20 m。

③渣场宜连片征用，按照以上标准用地范围不同时，应取较大值。

（2）场内交通。

可研阶段，场内临时交通道路设计深度要求不高，一般不进行放坡设计。前期交通规划可按公路等级和路面宽度以道路中心线两侧各15～30 m确定道路用地范围，实施阶段可确定用地边线。

（3）其他施工工区。

各类施工生产设施区用地范围应以其建筑物占地面积为基础，考虑运行管理、安全防护、环境保护的要求分析确定，并宜符合下列规定。

①砂石加工系统和混凝土生产系统用地范围以场地平整后开挖边坡开口线或填筑坡脚线为基准线，向外延伸5～30 m。

②一般施工工厂与仓库、施工供水泵站与水池、压缩空气站、施工变电站用地范围以场地平整后开挖边坡开口线或填筑坡脚线为基准线，向外延伸5～20 m。

③爆破材料库、油库等易燃易爆危险品储存仓库用地范围以场地平整后开挖边坡开口线或填筑坡脚线为基准线，向外延伸5～10 m。

④施工供水线路和供风线路，用地范围以管线中心线为基准线，向两侧延伸不小于2.5 m。

⑤根据自然资源部关于规范临时用地管理的通知，制梁场、拌和站等难以恢复原种植条件的不得以临时用地方式占用耕地和永久基本农田，可以采用建设用地方式或者临时占用未利用地方式使用土地。

各功能区用地外延统计见表4-7。

表4-7　各功能区用地外延统计表

用地性质	功能区	外延距离	引用依据
永久占地	大坝	以建筑物开挖轮廓线、顶部截水或防护设施边坡开口线为基准线，按开挖边坡高度H确定，并应符合下列规定：①$H \leqslant 50$ m时，用地范围线向外延伸20～30 m；②50 m$<H \leqslant 100$ m时，用地范围线向外延伸30～50 m；③100 m$<H \leqslant 200$ m时，用地范围线向外延伸50～100 m；④$H>200$ m时，用地范围线向外延伸100～150 m	《水电工程施工总布置设计规范》（NB/T 35120—2018）
	营地	可按建筑面积的3～5倍确定。用地范围以场地平整后开挖边坡开口线或填筑坡脚线为基准线，向外延伸5～20 m	《水电工程施工总布置设计规范》（NB/T 35120—2018）
	边坡	5.5～6 m	《水电工程边坡设计规范》（NB/T 10512—2021）
临时用地	渣场	5～20 m	《水电工程施工总布置设计规范》（NB/T 35120—2018）
	场内交通	15～30 m	《水电工程施工总布置设计规范》（NB/T 35120—2018）
	砂石加工系统	5～30 m	《水电工程施工总布置设计规范》（NB/T 35120—2018）

用地性质	功能区	外延距离	引用依据
临时用地	混凝土生产系统	5～30 m	《水电工程施工总布置设计规范》（NB/T 35120—2018）
	爆破材料库、油库等易燃易爆危险品储存仓库	5～10 m	《水电工程施工总布置设计规范》（NB/T 35120—2018）

5

抽水蓄能电站建设用地节地技术和模式

本章节以抽水蓄能电站各功能区为划分单位，分析影响各功能区用地规模的主要因素和次要因素，旨在更有针对性地提出节约集约用地技术。

5.1 抽水蓄能电站项目用地规模影响因素分析

5.1.1 水库淹没区

根据抽水蓄能电站工程设计过程，上下水库淹没区为水库正常蓄水位以下的淹没区域，以及水库正常蓄水位以上受水库洪水回水、风浪等临时淹没的区域。水库淹没区用地面积直接影响因素为水库位置、正常蓄水位、回水情况、风浪爬高、地形地貌等。

（1）水库位置。

水库位置应综合考虑水库大坝的作用和当地自然地理的特点。

首先，要满足建设水库的自然条件，主要考虑以下因素。

①坝址应建在等高线密集的河流峡谷处，使坝身较短，从而节省筑坝工程投资。

②库区宜选在河谷、山谷地区，或"口袋形"的洼地、小盆地，以保证有较大的集水面积和库容。

③避开断层、喀斯特地貌等地形地质复杂地段，尽量少淹没农田，选择无泥石流、滑坡等危险地质灾害的地方，以保证工程的安全。

其次，水库位置是影响水库淹没区最直接的因素，不同位置水库淹没范围不同，对应的用地面积也不同。在满足建设水库的地域，坝线的选择将影响水库的淹没区范围，应尽量避免占用过多的耕地和居民区。

以下为某具体案例分析。

某抽水蓄能电站上水库受天然地形条件的限制，可供选择的坝址较少，以本阶段上水库坝址预可研报告推荐的上水库坝址方案为参考，对下水库的上、下坝址比选。

下水库上、下坝址的集雨面积、淹没损失、库容条件、工程量等差别较大，在综合考虑社会、环境、技术和经济因素的基础上，进一步分析研究选定坝址和坝轴线，初拟了反映不同侧重点的四条坝线。对上下水库各坝线重新进行了集雨面积复核，上下水库处于同一条河流上，上水库坝址集雨面积为7.54 km²，下水库上坝址集雨面积为6.7 km²，坝线4位于白水瀑布下游的八字顶，库盆较小，挡水建筑物较高，水库消落深度大，但水库淹没损失和移民搬迁量少。下水库下坝址的坝线1、坝线2和坝线3的集雨面积分别为17.2 km²、15.94 km²和15.06 km²，总体上各下坝址库盆都较开阔，水库消落深度小，但坝线1到坝线3的水库淹没人口逐渐减少，淹没损失量都多于上坝址。各水库坝址位置见图5-1。

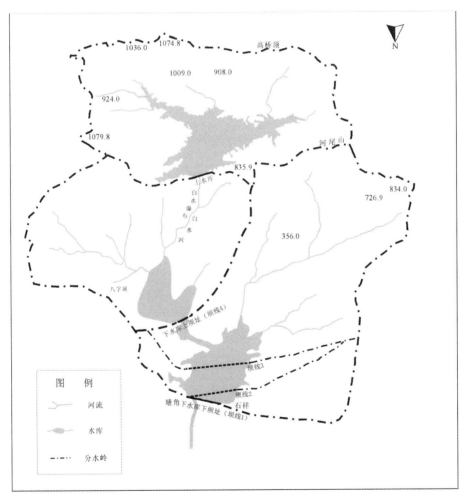

图5-1　各水库坝址位置

坝址比选的各方案移民征地主要指标对比见表5-1。

表5-1　坝址比选的各方案移民征地主要指标对比

序号	项目	单位	方案1	方案2	方案3	方案4
1	永久占地	亩	4855.61	4365.14	4232.99	3430.24
2	临时用地	亩	660.15	793.53	1393.75	983.81
3	搬迁人口	人	961	733	263	48
4	生产安置人口	人	1337	1197	971	394
5	静态总投资	万元	20003.40	17855.39	15451.64	11754.40

由表5-1可见，方案4实物指标相对较少，静态总投资最少，因此，移民搬迁安置难度最小。

（2）正常蓄水位。

水电工程建设征地处理范围包括水库淹没影响区和枢纽工程建设区。正常蓄水位方案的不同对枢纽建筑物的布置、库岸稳定性处理、施工区布置等方面有一定影响，但总体差异不大。而水库淹没影响区征收（用）土地少则十几平方千米，多则几百平方千米，且不可避免地征收（用）大量耕地、林地、园地、草地等各类土地资源，导致大规模的人口迁移。

水库淹没损失的大小是确定水电工程能否建设和建设规模的决定性因素，而正常蓄水位是确定水电工程规模和水库淹没影响范围的重要参数。

正常蓄水位是影响水库淹没区用地面积的最关键、最直观的影响因素，同库址条件下，正常蓄水位越高，淹没范围越广，水库淹没区用地面积越大。

以下为某具体案例分析。

某抽水蓄能电站位于广东河源市境内，上下水库均位于东源县。电站所在地区隶属于广东电网覆盖区。根据电站的地理位置初步拟定电站供电范围为广东电网，电站在电力系统中承担调峰、填谷、储能、调频调相和备用等任务。电站初选装机容量为1200 MW（共4台机组），额定水头465 m。

根据上水库地形条件限制、机组稳定运行要求等影响因素，本次拟定该抽水蓄能电站上水库正常蓄水位比选方案分别为588 m、589 m、590 m、591 m和592 m。该抽水蓄能电站上水库正常蓄水位选择的主要参数见表5-2。

表5-2　某抽水蓄能电站上水库正常蓄水位选择的主要参数

装机规模		MW	1200	1200	1200	1200	1200
上水库	正常蓄水位	m	588	589	590	591	592
	死水位	m	564	564	564	564	564
	消落深度	m	24	25	26	27	28
	天然调节库容	万 m³	578	613	647	685	724
	所需调节库容	万 m³	783	783	782	782	782
	开挖	万 m³	205	171	136	97	58
	淹没区面积	亩	1841.36	1851.69	1858.78	1864.56	1870.34
下水库	正常蓄水位	m	108	108	108	108	108
	死水位	m	97	97	97	97	97
	消落深度	m	11	11	11	11	11
	天然调节库容	万 m³	803	803	803	803	803
	所需调节库容	万 m³	783	783	782	782	782
	开挖	万 m³	0	0	0	0	0
	淹没区面积	亩	1858.78	1858.78	1858.78	1858.78	1858.78
水头	最大毛水头	m	492	493	494	495	496
	最小毛水头	m	456	456	456	456	456
	额定水头	m	464	464	465	465	465
最大扬程/最小水头			1.13	1.13	1.13	1.14	1.14

（3）回水情况。

鉴于抽水蓄能电站在回水影响不显著的坝前段一般考虑2m水库安全超高值，回水情况的影响主要体现为上下水库淹没区的库尾段。

（4）风浪爬高。

风浪爬高会影响水库正常蓄水位以上受风浪临时淹没的区域范围，并直接影响水库安全超高的范围。鉴于抽水蓄能电站的风浪爬高数值较小，一般小于抽水蓄能电站在回水影响不显著的坝前段的水库安全超高值，故风浪爬高对水库淹没区影响较小。

（5）地形地貌。

地形地貌是影响水库淹没区的重要因素，如山谷、峡谷等地形地貌会影响水库容量和淹没范围。地形地貌对水库淹没区用地面积的影响主要表现为坡度及开阔度，一般坡度越陡，用地面积越小，坡度越缓，用地面积越大；一般开阔度高，库盆呈盆状，同等库容下用地面积少；但现实地形中，往往坡度和开阔度形成不同组合，造成对水库淹没区用地面积的影响各有不同。

5.1.2　大坝

根据抽水蓄能电站工程设计，水库大坝用地面积最直接的影响因素主要为坝型，其次为坝高和地形地质条件等。

（1）坝型。

坝型的选择应根据水文、气象、地形、地质、当地材料、地震烈度、施工、运行情况等条件进行技术经济比较来确定。根据地形地质条件，坝基弱风化层埋深较浅时，坝型可选择混凝土重力坝；当结合库盆开挖有大量土石方需要弃置时，设计中应按照土石方挖填平衡原则选择坝型。结合水库地形地质条件，充分利用当地材料筑坝时，坝型可选择面板堆石坝和心墙堆石渣坝。

大坝坝型对用地面积的影响如下：混凝土重力坝占地面积最小，上游基础垂直，下游坝坡一般为1∶0.75；其次是面板堆石坝，上下游坝坡一般为1∶1.4；心墙堆石渣坝占地面积最大，上下游坝坡一般为1∶2.5～1∶2.75。某蓄能电站上水库大坝不同坝型对用地面积的影响见表5-3，各种坝型方案见图5-2～图5-4。

表5-3　某蓄能电站上水库大坝不同坝型对用地面积的影响

序号	坝型	坝高/m	坝长/m	用地面积/m²
1	混凝土重力坝			8058
2	面板堆石坝	50	300	31314
3	心墙堆石渣坝			55182

（2）大坝坝高。

大坝坝高是影响大坝用地面积的关键因素，大坝坝高是由库容要求、装机规模、正常蓄水位、洪水位等条件确定。相同坝址和坝型条件下，坝高越高，大坝用地面积越大。某蓄能电站上水库大坝不同坝高对用地面积的影响见表5-4。

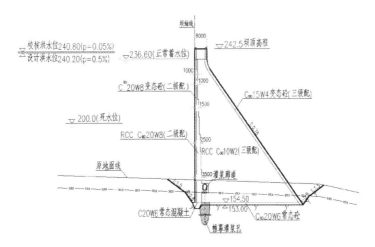

图5-2　混凝土重力坝方案

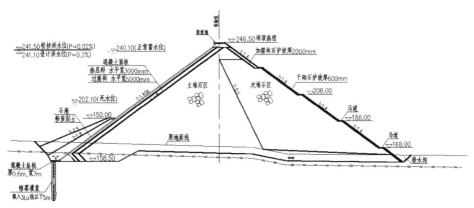

图5-3　面板堆石坝方案

表5-4　某蓄能电站上水库大坝不同坝高对用地面积的影响

序号	坝型	坝高/m	坝长/m	用地面积/m²
1		10	300	7568
2		30	300	19441
3	面板堆石坝	50	300	31314
4		80	300	49123
5		100	300	60996
6		120	300	72869

（3）大坝地形地质条件。

大坝地形地质条件包括地层岩性、地质构造、风化深度、水文地质等，是影响大坝坝型选择和坝基开挖边坡主要因素，坝址地质风化深度越浅，大坝用地面积越小。

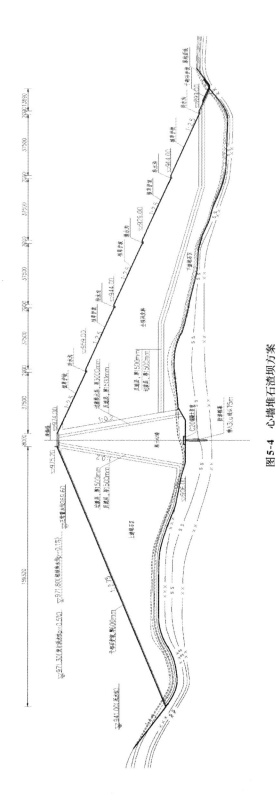

图5-4 心墙堆石渣坝方案

当大坝布置在山谷、峡谷等地时，大坝坝轴长度较短，但下游坝坡放坡长度较长。当大坝布置在河道开阔平缓等地时，大坝坝轴长度较长，但下游坝坡放坡长度较短。

5.1.3 泄洪、放空设施

根据抽水蓄能电站工程设计过程，泄洪设施用地面积最直接的影响因素主要是泄洪设施形式，其次为防洪库容和地形地质条件等。

（1）泄洪设施形式。

泄洪设施形式有：溢流坝、泄洪洞和溢洪道。当坝型采用混凝土重力坝时，泄洪设施采用溢流坝设计，能与坝体结合布置，基本不增加用地面积；当坝型采用土石坝时，须布置单独泄洪设施，如泄洪洞、溢洪道，需要增加用地面积。泄洪设施中泄洪洞形式用地面积最小，但泄洪洞泄洪量有限，不适用于泄洪量较大的工程中，但部分抽水蓄能电站泄洪量较小，比较适合设置泄洪洞。各种泄洪设施形式见图5-5～图5-7。

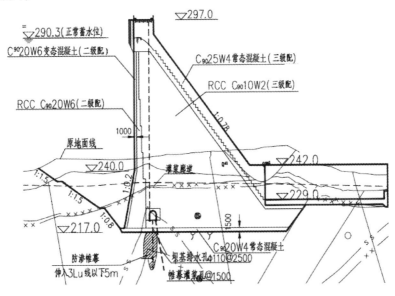

图5-5 溢流坝泄洪方案

（2）防洪库容。

防洪库容是影响泄洪、放空设施用地面积的关键因素，防洪库容下泄流量越大，泄洪、放空设施规模越大，相应用地面积越大。

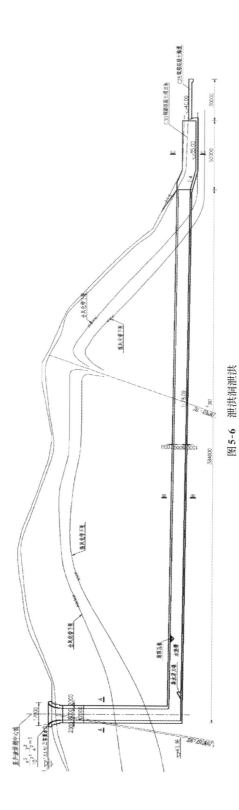

图 5-6　泄洪洞泄洪

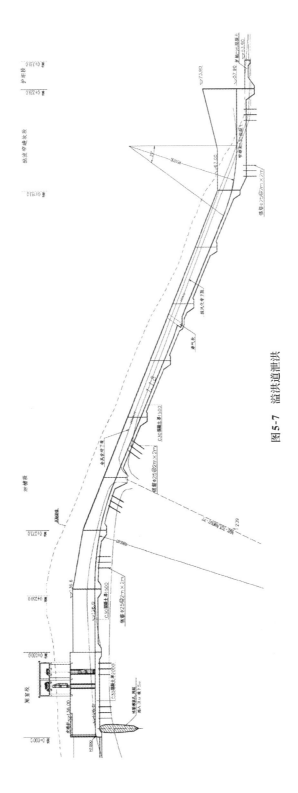

图 5-7 溢洪道泄洪

（3）地形地质条件。

泄洪、放空设施布置在陡峭地形时，轴线长度较短，但会出现高边坡开挖；泄洪、放空设施布置在平缓等地形时，轴线长度较长，不存在高边坡开挖。同时还要考虑是否有冲沙需求、出水条件是否顺畅的影响。泄洪、放空设施所在地的地质情况是影响泄洪、放空设施形式选择和边坡开挖的因素，泄洪、放空设施所在地的地质情况越好，泄洪、放空设施用地面积越小。

5.1.4　输水系统

由于抽水蓄能电站选择在上下水库高差大的地方修建，为缩短输水系统的长度，减少工程投资，输水系统基本上采用地下式布置，涉及地面用地的主要包括上下水库进出水口及其边坡、上游调压室上室和其边坡等建筑物，用地面积直接影响因素为进出水口与上游调压室位置、地形地质条件等。

（1）进出水口位置及地形地质条件。

进出水口位于水库淹没范围之内，因此除了闸门井平台及其以上边坡，进出水口用地面积大部分与水库淹没区的面积重合。不考虑水库淹没区重合的面积，单从进出水口自身的用地面积考虑，进出水口的不同位置和不同地形地质条件直接影响进出水口的结构形式及边坡开挖支护范围，也就直接影响其最终用地面积。一般来说，井式进出水口比侧式进出水口的用地面积小，侧向岸塔式进出水口比侧向岸坡竖井式进出水口的结构明露部分要多。

以下为某具体案例分析。

以某抽水蓄能电站下水库进出水口位置选择为例，根据下水库地形地质条件、下水库大坝位置和地下厂房平面位置，同时兼顾尾水系统布置顺畅且较短、厂房附属洞室进洞位置协调、进出水流流态较好等要求，拟定了两个水库进出水口方案进行比选。两方案都采用侧式进出水口，下水库进出水口位置示意见图5-8，两方案的下水库进出水口平面布置示意见图5-9和图5-10。方案1进出水口占地面积约为58亩，方案2进出水口占地面积约为43亩。受限于地形地质条件，方案1的进出水口占地面积比方案2大15亩。

（2）上游调压室位置及地形地质条件。

抽水蓄能电站调压室分为上游调压室和下游调压室。目前国内外已建成和在建的抽水蓄能电站的调压室绝大多数采用阻抗式或阻抗和水室组合式。下游调压室一般布置于山体内，不占用地面用地面积；上游调压室一般采用带上室阻抗式调压室，上室及其边坡开挖支护范围需要占用地面用地面积。因此，上游调压室的不同布置位置和所在地的不同地形地质条件，直接影响上游调压室上室及其边坡开挖支护范围，也就直接影响其最终用地面积。

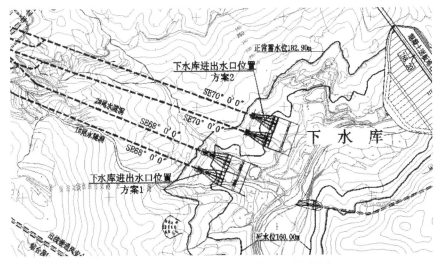

图5-8　某抽水蓄能电站下水库进出水口位置示意

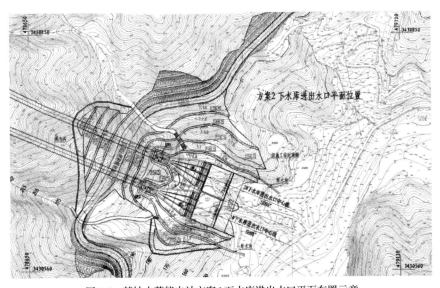

图5-9　某抽水蓄能电站方案1下水库进出水口平面布置示意

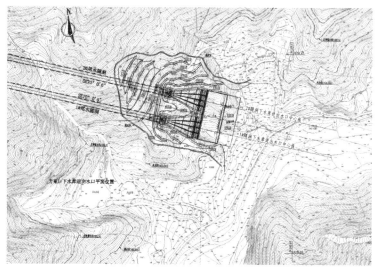

图5-10　某抽水蓄能电站方案2下水库进出水口平面布置示意

以下为两个具体案例分析。

①案例分析1。

以某抽水蓄能电站上游调压室施工图阶段优化设计为例。原方案上游调压室上室边坡平面布置在引水隧洞洞线北侧，边坡开挖最大高度约为40.0 m，用地范围大，对植被的破坏范围广。根据工程场区实际地形条件，将上游调压室沿引水隧洞中心线对称布置，并结合地质钻孔情况，继续向上游微调一定距离，优化后的方案将上室边坡的开挖最大高度降低至20 m，大大节约了用地面积。如图5-11和图5-12所示，方案1调压室占地面积约为16亩，方案2调压室占地面积约为12亩，方案2较方案1少占地约4亩。

②案例分析2。

某抽水蓄能电站输水系统总长度约为2.7 km，厂房开发方式采用中部式布置方案，受限于地形地质条件，输水系统沿线无适合位置布置上游调压室，为满足机组水力过渡过程计算各控制值要求，通过分析调保计算成果，优化上水库进出水口闸门井的结构体型（在闸门井上游侧613高程设置了两个长×宽×高为4.2 m×1.2 m×1.0 m的溢流孔，剖面见图5-13），使闸门井兼具上游调压室功能，从而不再设置上游调压室，直接减少了调压室用地面积。

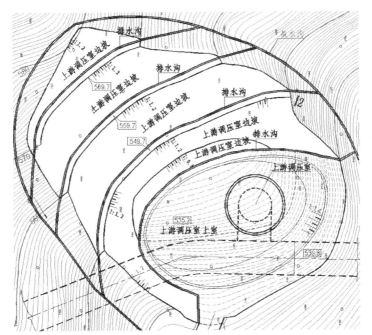

图5-11　某抽水蓄能电站上游调压室上室边坡平面布置（优化前）

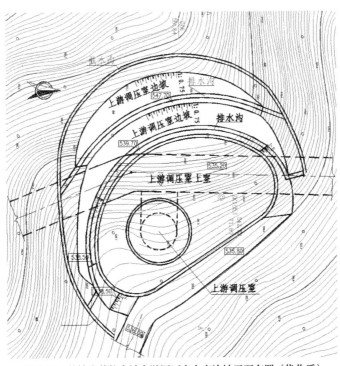

图5-12　某抽水蓄能电站上游调压室上室边坡平面布置（优化后）

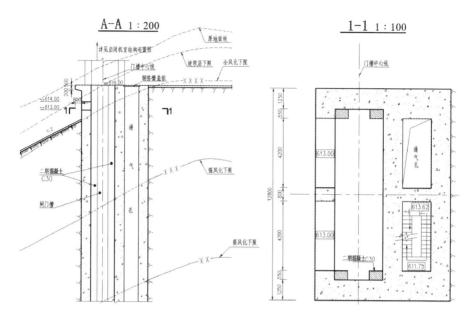

图5-13 某抽水蓄能电站闸门井结构设计优化剖面

5.1.5 发电厂房

根据抽水蓄能电站工程设计过程，由于抽水蓄能电站选择在上下水库高差大的地方修建，同时上下水库平面距离一般较远，发电厂房多布置在上下水库之间，可供选择的范围大，可根据枢纽建筑物的位置、地形地质条件、电站运行需求等灵活选址。结合工程场区地形地质条件，发电厂房可位于地下、半地下或地面，不同的选址地将直接影响其用地面积。

抽水蓄能电站机组安装高程低，为使发电厂房结构不直接承受下游水压力作用，避免挡水结构承载大、进厂交通布置困难、用地面积大等问题，若地形地质条件适宜，抽水蓄能电站应优先布置于地下；当地质条件不佳或上覆岩体厚度不满足要求，不宜修建地下发电厂房时，可根据地形条件，将发电厂房布置于半地下或地面，这将极大地增加用地面积，一般地上发电厂房的用地面积为5~10亩。

以下为某具体案例分析。

某抽水蓄能电站根据已查明的地形地质条件，具备布置地下发电厂房和地面发电厂房的条件。地下发电厂房方案具有抗震性能较好、厂房结构耐久性要求低等优点，但同时也存在围岩整体稳定性较差、软岩变形问题突出、支护工程量大，以及附属洞室穿越不良地质段长度长、工程量大等不利因素。地面发电厂房方案具有结构布置紧凑，无厂房附属洞室，厂区自然灾害问题小，地基条件较好，厂房照明、通风、交通等运行条件好，距业主营地较近，运行管理方便等优点，但同时也存在明挖工程量大、厂房抗震性能差等不利因素，还需要解决抗风沙、冬季防冻等问题。但由于地面发电厂房方案地基及边坡地质条件明朗，岩体质量较好，无高陡后边坡风险；地下发电厂房方案地下洞室群围岩整体稳定性较差，地质风险大。综合考虑上述地形地质条件、建筑物布置、施工工期、工程投资及风险管控等方面，仍推荐用地面积更大的地面发电厂房方案（其平面布置和横剖面见图5-14和图5-15）。

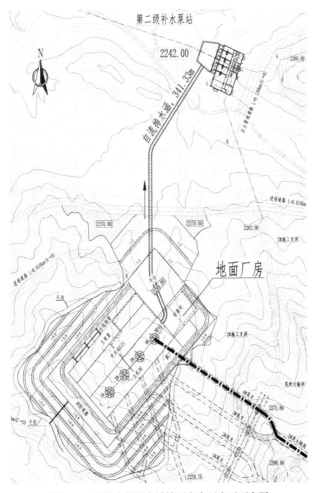

图5-14　某抽水蓄能电站地面发电厂房平面布置

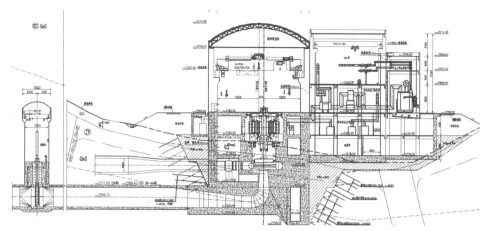

图5-15　某抽水蓄能电站地面发电厂房横剖面

5.1.6　永久道路

根据抽水蓄能电站工程设计过程，永久道路一般由进场道路、上下水库连接道路、环库道路、渣场道路等组成。涉及用地主要由路基路面、隧道洞口和桥梁组成。永久道路用地面积直接影响因素包括道路等级、路线布置及结构形式选择、场区地形地质条件等。

（1）道路等级。

按照《水电工程场内交通道路设计规范》（NB/T 10333—2019）和《水电工程对外交通专用公路设计规范》（NB/T 35012—2013）的规定，并参考《公路工程技术标准》（JTG B01—2014）的相关规定，不同的设计速度线形指标差异很大，对工程用地也有一定的影响。进场道路作为整座电站的唯一对外交通通道，电站内所有交通运输汇于此道路，交通量最大，推荐设计速度为40 km/h，采用双向两车道，路面宽7 m，路基宽8 m；上下水库连接道路、环库道路、渣场道路以及支线道路属于枢纽建筑之间的连接道路，交通量远不及进场道路，应结合建设期交通量需求合理选择，一般控制在20 km/h，采用双向两车道，路面宽6.5 m，路基宽7.5 m；对一些巡视道路可以适当降低设计标准，采用单车道，路面宽3.5 m，路基宽4.5 m。

由此可见，道路等级选择决定路基路面宽度，影响路基路面用地面积。

（2）路线布置及结构形式选择。

永久道路是连接工程枢纽建筑物、施工区的道路。施工期间，永久道路有利于电站重大件的运输和施工车辆的通行，可以减少施工运距，有利于加快整个工程的施工进度；电站建成后，永久道路可用于日常运行管理、建筑物维护检修、水库防洪的交通使用。因此，路线布置影响主要体现在：道路路线的选择应与工程总布置相协调，尽量多连接枢纽建筑物和施工工区，方便对外交通、施工、运行管理等。结构形式影响主要体现在明线路基、隧道和桥梁选择。明线路基宜选择地形较平缓，地质条件较好的区域，降低高边坡出现概率，减少用地面积。但是，对于在大挖方地区之中选取明开挖或是隧道横穿，应依据工程的地势状况、开挖弃方的间距、边坡防范总量的尺寸与防范方法、环境维护等要素来确定。若原始地面到设计路面之间开挖深度小于 30 m，在地势较优的状况之中，明线路基开挖更为优良。如果地势状况过差，明开挖产生的问题可能会毁坏生态环境，并极易引发滑坡等地质灾害，使得工程后期所需的耗费增多。所以，原始地面到设计路面之间开挖深度大于 30 m、路线长度小于 400 m 的挖方地区要综合考虑各类因素，采用隧道更为优良。若道路横穿的地区之中，地质状况较优或是在通过简易的人为处理后，对于土基产生的沉降不具备过多的影响，沟底之中的自然斜坡较少，就能够选取填筑路基的方法，以全方位运用弃方进行填筑。在这类状况之中，填方相应的高度小于 25 m 时，运用填筑路基的方法既高效且科学，否则填方面积过大。

以下为某具体案例分析。

某抽水蓄能电站根据已调查的地形地质条件，拟定了三条进场道路方案（见图 5-16）。三个方案的起点均与电站南面现有交通条件良好的县道相接，路线往县道西北方向展线到达山边后，通过隧道穿过电站与县道间的山脉后，接至下水库大坝下游左岸。

方案 1：起点为 X101 县道距市区约 8.8 km 的高黄村路口（E 点）。通过改扩建，现有村道约 4 km，至牯牛背水库大坝下游右侧山边（F 点），再通过长约 2.6 km 的隧道穿过电站与县道间的山脉到达牯牛背水库库尾（G 点），然后沿南冲河向上游布线接至下水库大坝下游左岸（D 点）。

方案 2：起点为 X006 县道距市区约 14 km 的万元村路口（A 点），沿现有灌渠左岸逆流而上布置路线约 0.7 km 至山边（B 点），再以长约 4.46 km 的隧道穿过电站与县道间的山脉至下水库大坝下游约 400 m 的右侧岸坡（C 点），然后通过桥梁接至左岸

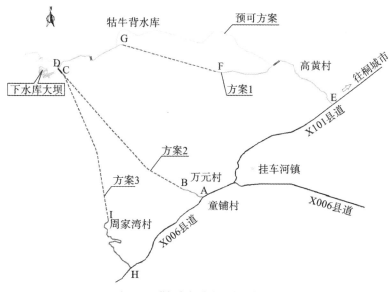

图5-16 进场永久道路路线方案示意

（D点）。

方案3：起点为X006县道距市区约17 km的周家湾村路口（H点），沿现有简易机耕路布置路线至山边后继续向上展线爬坡至190 m高程（I点），再以长约4.06 km的隧道穿过电站与县道间的山脉至下水库大坝下游约400 m的右侧岸坡（C点），然后通过桥梁接至左岸（D点）。

进场道路路线方案主要特性比较见表5-5。

表5-5　进场道路路线方案主要特性比较

序号	项　目	单位	方案1	方案2	方案3	备注
1	道路总长	km	8.68	5.30	6.31	
2	新建明线道路	km	1.88	0.705	2.115	
3	改建现有道路	km	4.0	0	0	
4	桥梁	座/m	2/200	1/135	1/135	
5	隧道	km	2.60	4.46	4.06	
6	平均坡度		0.89%	1.34%	1.19%	
7	最大坡度		7.90%	4.94%	8.5%	
8	涵洞	道	13	3	12	

序号	项 目	单位	方案1	方案2	方案3	备注
9	占地面积	亩	217	132	158	
10	估算建筑工程费	万元	17100	17419	18557	不含征地
11	估算征地费	万元	1824	252	639	
12	估算总投资	万元	18924	17671	19196	

进场道路路线方案比选和结论如下。

方案1：里程最长，但隧道路段最短，可利用现有道路进行改扩建的路段较长。缺点是路线需要两次跨河，必须架设桥梁；隧道两端连接段较长，占地多，利用现有村道改线施工干扰大；隧道出口至下水库坝址段路线位于牯牛背水库饮用水水源保护区范围内，环保水保工作压力大。

方案2：里程最短、路线平顺、平均纵坡最小、道路通行舒适度较好；县道至隧道进口段明线路基最短、占地少，且沿灌渠布置路线，施工时与地方交通无干扰；隧道进出处与枢纽推荐方案的厂房自流排水洞口紧挨，有利于自流排水洞施工期及运行管理结合；路线布置在牯牛背水库饮用水二级水源保护区范围外。缺点是隧道最长，属于特长隧道，隧道中部需要设施工支洞，隧道内的通风、照明、消防等设计要求高。

方案3：里程较短，隧道进口位置有较开阔的适合做洞挖料转运场的场地，有利于施工布置。隧道出洞口至讫点段与方案2一致，隧道长度比方案2略短，也需要在隧道中部设施工支洞。缺点是县道至隧道进洞口连接段路线较长，山上爬坡段纵坡较陡、路线较弯曲、占地较多。

综上所述，方案2最优。该方案路线避开了牯牛背水库饮用水水源保护区范围，路线里程最短，占地最少，同时结合了电站枢纽自流排水洞需要，且施工干扰少，投资也最省。因此，采用方案2的短明线路基＋隧道＋桥梁是合理的（见图5-17）。

（3）地形地质条件。

地形条件是影响路基边坡高度的重要因素，如山谷、峡谷等地形会影响边坡范围。一般坡度越陡，填挖边坡越高，用地面积越大，坡度越缓，填挖边坡越矮，用地

图5-17　进场永久道路推荐方案路线示意

面积越小。

地质条件决定边坡开挖坡比，一般而言，土体边坡开挖坡比为1∶0.75～1∶1.5，强风化岩石开挖坡比为1∶0.75～1∶1，强风化岩石开挖坡比为1∶0.5～1∶0.75，边坡坡高大于10 m时，自下而上每10 m高差设一级马道，马道宽度为2.0 m。例如，开挖10 m高度的边坡，当边坡开挖坡比为1∶0.5时，用地宽度为5 m；当边坡开挖坡比为1∶0.75时，用地宽度为7.5 m；当边坡开挖坡比为1∶1.0时，用地宽度为10 m；当边坡开挖坡比为1∶1.5时，用地宽度为15 m（见图5-18）。当边坡开挖坡比越大时，用地面积越小，反之，边坡开挖坡比越小，用地面积越大。

5.1.7　交通洞和通风洞

交通洞和通风洞作为厂房系统的附属洞室，采用隧洞形式，涉及地面用地部分主要为洞口开挖及边坡支护，其用地面积直接影响因素包括工程总布置、地形地质

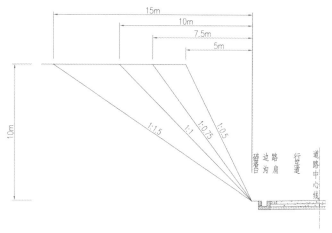

图5-18　边坡开挖坡比与用地宽度的关系

条件等。

工程总布置的影响主要体现在：两洞洞口的选择应与工程总布置相协调，如方便对外交通、方便施工、方便运行管理、有利于线路布置优化等。地形条件的影响主要体现在：需要满足防洪安全，洞口地形应选择较高处，使洞口地面高程高于厂房非常运用洪水位，若洞口位置低于该水位，应设置防洪措施和人员安全进出通道。地质条件的影响主要体现在：应选择地质条件较好的区域，宜避开冲沟、滑坡体、崩塌体及不稳定的陡崖，且尽量避开水文地质条件复杂及严重不良地质段，在确保洞口安全的前提下，边坡开挖支护范围小。

以下为某交通洞案例分析。

根据某抽水蓄能电站工程总布置，交通洞洞口拟定了三个方案，各方案平面布置示意见图5-19。

方案1：洞口位于下水库大坝左岸下游侧，距下水库大坝左岸管理营地约210 m，洞口路面高程为175.0 m，全长约1220 m，平均纵坡6.8%。

方案2：洞口位于下水库大坝左岸下游侧，距下水库大坝左岸管理营地约190 m，紧靠下水库左岸冲沟布置，洞口路面高程为175.0 m，全长约1062 m，平均纵坡7.2%。

方案3：洞口位于下水库库区内、左岸管理营地上游侧，紧靠地下厂房地质探洞

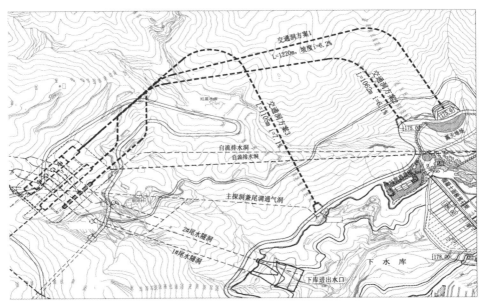

图5-19　某抽水蓄能电站交通洞洞口各方案平面布置示意

布置，洞口路面高程为186.0 m，全长约1105 m，平均纵坡7.5%。

经综合分析工程总布置及洞口地形地质条件，交通洞方案1的洞口位于下水库大坝左岸下游侧，具有线路布置顺畅、地形地质条件较好、交通便利、洞口场地开阔、施工期出渣堆渣方便、紧靠左岸业主营地、运行管理方便等优点。推荐采用方案1。

以下为某通风洞案例分析。

根据某抽水蓄能电站工程总布置，通风洞洞口拟定了三个方案，各方案平面布置示意见图5-20。

方案1：洞口位于地下厂房东南侧，距下水库进出水口的直线距离约150 m，洞口路面高程为186.0 m，全长约896 m，平均纵坡6.6%。

方案2：洞口位于地下厂房东偏南侧、开关站场地上游侧约60 m，距下水库进出水口的直线距离约420 m，洞口路面高程为186.0 m，全长约1057 m，平均纵坡6.1%，与出线洞的结合段长629 m，非结合段的通风安全洞长428 m。

方案3：洞口位于地下厂房东偏南侧，距下水库进出水口的直线距离约870 m，洞口路面高程为188.0 m，全长约995 m，平均纵坡6.2%。

经综合分析工程总布置及洞口地形地质条件，通风洞方案2的洞线布置较为顺

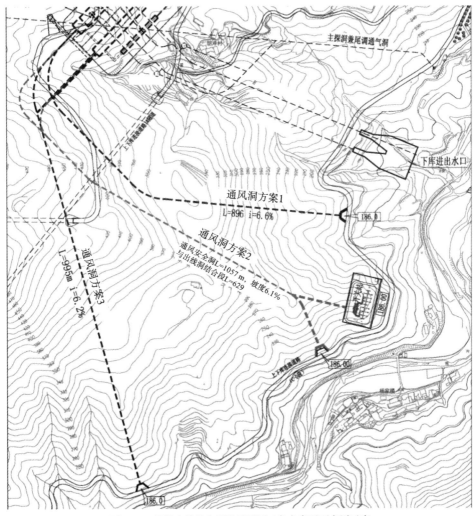

图5-20　某抽水蓄能电站通风洞洞口各方案平面布置示意

畅，交通条件便利，通风安全洞与出线洞结合布置，有利于减少洞室长度及土建开挖
工程量，投资最少；距离下库堆渣场和毛料堆场距离较近，施工条件较好；洞口与开
关站联合布置，便于统一管理，但开关站开挖过程中，需要做好洞口的安全防护措
施；高压电缆运行期的巡视及检修可以利用通风安全兼出线洞作为交通通道，运行管
理更为方便。推荐采用方案2。

交通洞及通风洞占地面积较小，一般为2~8亩，洞口的尺寸相对固定，洞口位
置选择过程较为复杂，但对占地面积影响不大，因此不做过多分析。

5.1.8 业主营地

（1）直接影响因素。

①定员人数。

抽水蓄能电站根据《供电劳动定员标准》（试行）和《水力发电厂劳动定员标准》（试行）确定定员人数，再根据《水电工程费用构成及概（估）算费用标准（2013年版）》中的各功能建设指标计算得出总建设指标，总建设指标的大小决定了用地的多少。所以，定员人数直接影响用地指标。

②人均建设指标。

目前抽水蓄能电站人均建设指标基本参照《水电工程费用构成及概（估）算费用标准（2013年版）》确定，该标准针对水电工程房屋建筑有相关指标规定，可根据确定的定员人数计算总指标。

③人均用地指标。

国家规范、行业规范并没有对抽水蓄能电站业主营地的用地规模做出相关规定，因此抽水蓄能电站没有具体的人均用地指标。

（2）间接影响因素。

①选址。

如果抽水蓄能电站下水库地形多为陡峭山地，无相对平整地块，业主营地场地将进行大面积开挖，从而增加开挖、回填所产生的边坡用地面积。反之，如电站所处位置有平整方正的地块，场地无需进行大面积开挖，也不会形成大面积的开挖边坡，则用地面积可以相对较小。

②布置方案。

抽水蓄能电站业主营地布置方案分为多地块多功能区布置和单地块多功能区布置。如采用多地块多功能区布置，地块分散，场地需要独立进行开挖与回填处理，且需要独立布置交通联系该功能区域，用地面积将增加。如采用单地块多功能区布置，场地集中进行开挖与回填处理，且交通可统筹考虑，土地更加集中，用地面积减少。

③业主运行管理模式。

抽水蓄能电站业主运行管理模式主要有前方管理和前、后方组合管理两种。如业主采取前方管理，建设规模全部集中在前方，用地规模大。如业主采用前、后方组合管理，前方建设规模小，用地规模小。某定员180人抽水蓄能电站前、后方基地功能分布见表5-6，营地功能区布置见图5-21。

表5-6　某定员180人抽水蓄能电站前、后方基地功能分布

前方基地		后方基地	
位置	管理设施	位置	管理设施
业主营地	办公楼（120人）	后方县城基地	办公楼（60人）
	中控楼（调度中心）		中控楼（调度中心）
	宿舍楼（120人）		
	食堂（120人）		
	配电房		
	水泵房		
	污水处理房		
	值班房		
上水库管理区	上水库管理房		
	水泵房		
	配电房		
	污水处理房		
	值班房		
仓储管理区	车间		
	重型设备库		
	特品仓库		
	恒温恒湿库		
	普材库		
	车库		
	配电房		
	污水处理房		
	水泵房		
	值班房		
	室外堆场		

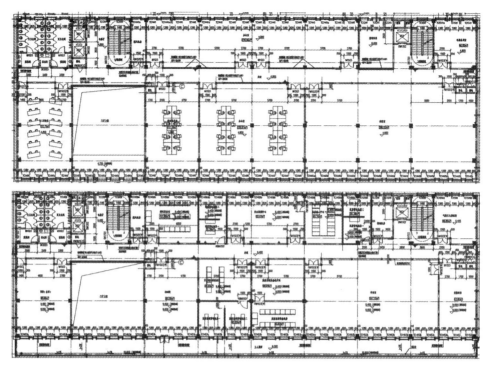

图 5-21　某定员 180 人抽水蓄能电站营地功能区布置

5.1.9　弃渣场

（1）直接影响因素。

弃渣量是弃渣场用地面积大小的直接影响因素，在地形、地质等其他条件基本一致的情况下，弃渣量越多，用地面积越大。

（2）间接影响因素。

①生态红线、基本农田及水源保护区等限制条件。

弃渣场选址须符合现行行业标准《水电工程施工组织设计规范》（NB/T 10491—2021）、《水电工程施工总布置设计规范》（NB/T 35120—2018）、《水电工程水土保持设计规范》（NB/T 10344—2019）等的相关规定，控制在生态红线、基本农田及水源保护区等范围之外。如场区范围内地形、地质条件适宜的堆渣场地，已划归于生态红线、基本农田及水源保护区等范围，就需要另行选址，可选择的弃渣场存在地形、地质条件等相对较差的可能性，随之造成用地面积增大。

②地形、地质条件。

狭长形沟谷和过于平坦开阔的地形，均不适宜作为弃渣场，狭长形沟谷容渣量有限，过于平坦开阔的地形堆渣条件好，但用地面积相对大。三面环山，且中下部沟谷地带较为平缓，"肚量"较大的地形，适宜作为弃渣场，用地面积相对较小。

弃渣场应选择在地质条件好的沟谷地带，若地质条件较差，其工程处理措施也会较多，随之带来的工程处理范围较大，用地面积相应也会增多。

③库内死水位以下堆渣条件。

在不妨碍施工期导流度汛及永久建筑物正常运行等条件下，可尽量将渣料堆弃至水库库内死水位以下范围内。在库内死水位以下容渣量大，且具备堆渣条件的情况下，工程需要另找的弃渣场地减少用地面积也随之减少。

④渣体材料的组成。

渣体材料由土料、石料和土石混合料组成，土料和土石混合料的松方系数较小，石料的松方系数较大，若渣体材料中的石方占比较多，则弃渣场用地面积相对较大。

弃渣场用地面积影响因素分析见表5-7。

表5-7 弃渣场用地面积影响因素分析

序号	影响因素		影响趋势	备 注
1	直接影响因素	弃渣量	弃渣量越多，用地面积越大；反之亦然	地形、地质等其他条件基本一致
2	间接影响因素	生态红线、基本农田及水源保护区等限制条件	不受生态红线、基本农田及水源保护区等限制的、地形地质条件适宜的弃渣场地，用地面积小；反之亦然	
3		地形条件	三面环山，且中下部沟谷地带较为平缓，"肚量"较大的弃渣场，用地面积小；反之亦然	
4		地质条件	地质条件差的弃渣场，工程处理范围较大，用地面积大；反之亦然	
5		库内死水位以下堆渣条件	库内具备堆渣条件时，死水位以下容渣量大，需要另外找的弃渣场用地面积小；反之亦然	
6		渣体材料的组成	渣体材料中的石方占比多，用地面积大；反之亦然	

5.1.10 料场

（1）直接影响因素。

①开采量。

开采量是料场用地面积大小的直接影响因素之一，在地形、地质等其他条件基本一致的情况下，开采量越多，用地面积就越大。

②剥采比。

剥采比是指天然建筑材料料场的无用层剥离量与有用层开采量的比值。剥采比越大，弃料越多，料场整体开挖量越大，用地面积也相应越大。

（2）间接影响因素。

①有用层厚度。

料场有用层越厚，开采范围所需的地表用地面积就越小。

②地形条件。

地形过于平缓的料场，开采范围所需的地表用地面积相对较大；地形过于陡峭的料场，为满足开采需要而修建的施工临时交通工程用地面积相对较大；地形条件适中的料场，整体用地面积相对较小。

料场用地面积影响因素分析见表5-8。

表5-8　料场用地面积影响因素分析

序号	影响因素		影响趋势	备注
1	直接影响因素	开采量	开采量越多，用地面积越大；反之亦然	地形、地质等其他条件基本一致
2		剥采比	剥采比越大，用地面积越大；反之亦然	
3	间接影响因素	有用层厚度	料场有用层越厚，用地面积越小；反之亦然	
4		地形条件	地形条件适中，用地面积小；地形条件过于平缓或过于陡峭，用地面积大	

5.1.11 临时施工道路

（1）直接影响因素。

①施工临时道路总长度。

施工临时道路的总长度直接决定用地面积的大小。如果各施工工区和工作面较为分散，所需施工临时道路总体较长；如果各施工工区和工作面较为集中，所需施工临时道路总体较短。

②路面及路基宽度。

电站土石方开挖及填筑工程量较大，部分电站的土石方开挖或填筑量超过了 1000 万 m^3，为满足大型施工车辆运输的要求，需要加大路面及路基宽度，直接造成用地面积的增加。

（2）间接影响因素。

地形、地质条件是施工临时道路用地面积的间接影响因素。相对较陡的地形，施工临时道路边坡开挖及填筑范围较大，用地面积相应较大。在有条件且工程投资可控的情况下，可考虑尽量采用隧道交通方式，以减少用地面积。地质条件较差的情况下，施工临时道路边坡开挖及填筑坡比均较缓，用地面积相应较大。

5.1.12 临时施工营地

（1）直接影响因素。

承包商高峰劳动力人数是临时施工营地用地面积的直接影响因素。承包商高峰劳动力人数与工程土石方工程及混凝土工程等施工高峰强度相关，施工高峰强度越大，高峰劳动力人数越多，相应的施工管理人员越多，后勤保障设施（如食堂、娱乐场所等）也越多，整体办公及生活用地面积越大。

（2）间接影响因素。

①工程分标实施方案。

工程标段划分得越多，进场施工的承包商数量越多，即使施工高峰劳动力人数相同，但分散布置导致各类配套设施也会越多，临时施工营地用地面积越大。

②地形、地质条件。

相对较陡的地形，临时施工营地布置难度大，营地周边边坡开挖及填筑范围较大，用地面积相应较大。地质条件较差的情况下，营地边坡开挖及填筑坡比均较缓，且工程处理设施范围大，用地面积相应较大。

③永临结合条件。

在有条件的情况下，临时施工营地可尽量考虑与永久建设管理和生产运行营地、地方城乡规划利用的建设管理营地等相结合，以实现减少用地面积的目标。

5.1.13 其他施工工区

（1）直接影响因素。

施工生产设施的生产规模直接决定用地面积大小。生产规模与工程土石方工程及混凝土工程等施工高峰强度相关，施工高峰强度大，生产规模大，施工生产设施用地面积大。

（2）间接影响因素。

①工程分标实施方案。

工程标段划分得越多，进场施工的承包商数量越多，部分相同功能的施工生产设施会出现重复建设的情况，但为了能充分满足各承包商自身生产需要，此类情况难以避免，因而会造成施工生产设施用地面积增多。

②地形、地质条件。

一般而言，相对较陡的地形，施工生产设施布置难度大，周边边坡开挖及填筑范围较大，用地面积相应较大。但部分施工生产设施对地形的适应性有其自身的特点，比如砂石料加工系统，并不是平地才适合布置，有一定高差的地形，反而能适应骨料加工工艺中各设备由高到低的布置。

主要施工生产设施布置场地应进行地基、边坡及地质灾害等工程地质条件评价，建筑物场地须满足承载力和稳定性要求。地质条件较差的情况下，周边边坡开挖及填筑坡比均较缓，且工程处理设施范围大，用地面积相应较大。

③永临结合条件。

在有条件的情况下，根据用地时序，在永久功能地块上设置施工生产设施，以实现减少用地面积的目标。

5.2 抽水蓄能电站节地技术与模式借鉴

5.2.1 抽水蓄能电站现有节地技术

1. 水库淹没区

（1）库址选择。

在抽水蓄能电站的设计过程中，首先应在规划站点附近寻找具备形成水库条件的库址，上水库一般位于山顶盆地，可比选的库址不多，下水库多在溪流上筑坝形成，是库址比选的关键工作。上下水库的几个比选库址相互组合可形成多种方案，在方案比选的过程中，必然会存在某些方案用地多，某些方案用地少的情况，并且不同上下库址组合的情况下的用地规模差距可能较大，因此在库址选择时要充分考虑节约用地问题。

库址方案的选择直接关系到上下水库之间水头差和距离，输水系统的长度和电站的距高比，甚至整个电站的规模。库址选择是一个复杂的综合比较过程，想要在库址选择中尽量选择用地面积较小的库址方案，就需要保障该方案不能涉及生态红线与保护林地等制约因素、地形地质条件要与其他比选方案相当、涉及的搬迁安置人口不宜过多、各类水工建筑物的规模不宜调整过大、施工难度及工程量应基本相当、机电设备选择不宜存在制约因素、工程建设经济指标不宜增加过高等。在基本满足上述条件的前提下，可充分考虑选择用地面积较小的库址方案作为工程推荐方案。

某电白抽水蓄能电站下水库库址存在南库址及北库址两个比选方案。

库址一（南库址）位于上水库南面 4 km 左右的米头坡村（见图 5-22），成库条件较好，工程量较小，大坝地质条件较好，但输水线路增加了 2.4 km。

库址二（北库址）位于上水库东北面 2.2 km 左右的扶平村一带（见图 5-23），库址二成库条件差，需要三边筑坝，地质条件差，基础处理工程量大；占用基本农田及相关搬迁人口较多，离两侧村庄距离较近，投资较大。

经综合比较，推荐库址一（南库址）方案，该方案虽然输水线路增加了 2.4 km，但其地质条件更优、工程量更小、投资更低、减少了搬迁人口约 500 人，减少占用基本农田约 400 亩。

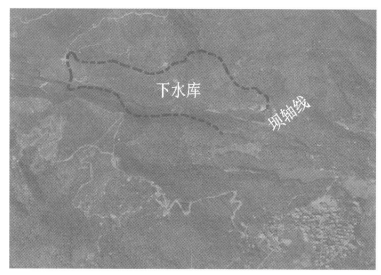

图 5-22   某电白抽水蓄能电站库址一

图 5-23   某电白抽水蓄能电站库址二

（2）利用已建水库。

库址的选择存在一种利用已建水库的特殊情况。通过对已建水库大坝进行加高
加固及其他施工措施，已建水库可也可作为抽水蓄能电站的水库，该方法可大大减
少工程用地面积，但同时也存在多方面的制约因素。

想要利用已建水库，首先要取得已建水库权属者的同意与支持，已建水库一般具备供水、防洪、灌溉、发电等功能，电站建设单位应该与水库权属者积极协商水库利用的具体方式、利用水库造成损失的补偿方案以及后续电站与水库管理模式等问题，水库利用方案应充分考虑对原有水库功能的影响，做好水库饮用水源区的保护措施，做好汛期防洪优化调度及灌溉渠道防渗等工程措施，避免饮用水污染、占用灌溉水源等问题。此外，一系列专题及审批程序也需要地方政府的大力支持。

另外，若该处仍存在其他新建水库的库址方案，利用现有已建水库时应充分考虑大坝加高加固的难度、输水系统布置难度、施工导流难度、施工期对水库功能的影响、电站经济指标等因素，在建设条件合适的情况下，选择该方案。

某抽水蓄能电站水库目前处于可行性研究设计阶段，拟利用现有水库——凤凰水库作为电站下水库（见图5-24），该水库权属者为某市国资委，属国有资产。

图5-24　凤凰水库

经初步评估，该水库暂按征收国有用地储备处理，保留其发电、防洪和灌溉等主要功能，征收费用暂按水利水电工程新建同类型水库进行编制。该水库用地面积共5142.56亩，坝后电站装机2台共3400 kW，各类管理用房面积为4356.71㎡。经测算，征收该水库投资补偿为52032.29万元，其中征收国有用地储备投资为36532.29万元，施工期电量损失补偿费为15500万元。

通过利用已建水库的方案，该抽水蓄能电站可节约占用土地面积约1000亩。

（3）库盆开挖。

有些抽水蓄能电站在规划设计时会采取挖库的技术手段，该技术的主要目的有两个：一是满足水库库容的需要，通过挖库的方式来增加水库库容；二是利用开挖料填筑当地材料坝，达到土石方挖填平衡。

库盆开挖技术可以在保障水库库容的同时，降低正常蓄水位，从而减少水库淹没区的占地面积，且充分利用当地土料资源也节约工程投资。例如，某抽水蓄能电站工程上水库采用了库盆开挖的技术，节约了永久占地面积约40亩。

（4）利用废弃矿坑。

利用废弃矿场的采矿巷道和采空区开发抽水蓄能电站不仅可以节约大量的土地资源，还可以完成废弃矿场土地整治工作。要想利用废弃矿坑（见图5-25），就需要废弃矿坑具有合适的库容、良好的地质条件、与另一个库盆组合具有合适的距高比等天然条件。近年来虽未有相关工程在建，但已有多个工程正在开展前期论证工作。

图5-25　废弃矿坑

广东省目前还没有利用废弃矿坑作为电站水库的成熟案例，江苏省的某抽水蓄能电站靠近南京、镇江等主要负荷中心，送受电条件良好，其装机容量140万千瓦，是一个很好的利用废弃矿坑的案例。

该抽水蓄能电站上水库利用某矿业公司尾矿库，库内堆存尾矿约650万吨，2009年企业尾矿零排放改造投产运行，尾矿不再排入尾矿库，目前尾矿库停止使用，正在开展清理工作。电站上水库初拟正常蓄水位60 m，死水位25 m，调节库容522万 m^3。

该抽水蓄能电站下水库拟利用某铁矿开采的矿区巷道形成储水池，主要由高程－500 m以下矿区开采巷道组成。初拟正常蓄水位－500 m，死水位－520 m，调节库容522万m³。目前该铁矿一期开采到－200 m高程，2021年底已基本开采完毕；二期计划继续向下开采，初步考虑可结合抽水蓄能电站下水库建设需要进行开采。

据初步估算，该抽水蓄能电站建设征地涉及土地总面积为1142.48亩，其中永久占地面积为618.98亩，临时用地面积为523.51亩。永久占地面积仅为同规模常规上下水库抽水蓄能电站的四分之一，大大节约了土地资源。

（5）变速机组。

抽水蓄能电站的机组一般采用可逆式水泵水轮机，目前国内已建和在建的大型抽水蓄能电站采用的是定速机组，即涡轮发电机的转速是恒定的，无法根据水头的变化进行调整。为保证机组在高效区运行以及机组的稳定，机组最高净扬程与最小净水头之比应控制在一定范围内，从而限制了上下水库的水位变幅。减小水位变幅的常用方法是抬高死水位，进而使得正常蓄水位相应抬高，水面范围扩大。变速机组是指涡轮发电机的转速可以调整的机组，通过改变转速能更好地适应发电和抽水两种运行工况，使水轮机和水泵运行效率提高，也可适应更宽的水头（扬程）变幅和功率范围，从而降低水库水位、减小水面范围，具有节地的可行性。

抽水蓄能电站变速机组已在日本、欧洲等地有很多成功的应用案例，目前我国也在积极研发相关技术，国内还没有已建成并运用变速机组的抽水蓄能电站，仅有中洞电站在设计中采用了变速机组，该项目于2022年12月开工建设。

以某电白抽水蓄能电站为研究案例，根据可行性研究设计阶段初步成果，采用定速机组，电站水头为439.5 m，水头变幅最大为1.20，上水库正常蓄水位534 m，对应水面面积为443亩，下水库正常蓄水位94 m，对应水面面积为483亩。若全部机组采用变速机组，根据不同电机厂公司的初步研究，该水头下的水头变幅最大可以达到1.26~1.35。在该水头变幅条件下，抽水蓄能电站的上水库正常蓄水位可以降低5 m，对应水面面积减少36亩，下水库正常蓄水位可以降低2 m，对应水面面积减少22亩。

由于抽水蓄能电站变速机组正在研发、投产阶段，采用变速机组能够节地，但也会增加机组的投资。

2. 大坝

(1) 坝型。

大坝节地应从坝型选择方面考虑，根据地形地质条件，坝基弱风化层埋深较浅时，坝型宜选择混凝土重力坝。当结合库盆开挖有大量土石方需要弃置时，应按照土石方挖填平衡原则选择坝型。当结合水库充分利用当地材料筑坝时，可选择面板堆石坝和心墙堆石渣坝。坝型选择混凝土重力坝时，大坝占地面积最小，上游基础垂直，下游坝坡一般为1：0.75，其次是面板堆石坝，上下游坝坡一般均为1：1.4，心墙堆石渣坝占地面积最大，上下游坝坡一般均为1：2.5。

例如，在某抽水蓄能电站在可行性研究阶段中，根据地形地质条件，在推荐坝线的基础上，拟选混凝土重力坝、心墙堆石渣坝、面板堆石坝进行坝型比选。从影响土地及征地投资方面进行比较发现，混凝土重力坝涉及永久占地面积约46.40亩，征地投资约417.59万元；心墙堆石渣坝涉及永久占地面积约155.56亩，征地投资约1400.06万元；面板堆石坝涉及永久占地面积约125.06亩，征地投资约1125.56万元。从建设征地和移民安置角度考虑，为降低投资，减少工程建设占地，混凝土重力坝方案较优，其次为面板堆石坝，最后为心墙堆石渣坝。混凝土重力坝与面板堆石坝外观对比见图5-26。不同坝型征地特性见表5-9。不同坝型方案平面见图5-27～图5-29。

(a) 混凝土重力坝

图5-26　混凝土重力坝与面板堆石坝外观对比

（b）面板堆石坝

续图5-26

表5-9 不同坝型征地特性

项目	单位	混凝土重力坝	心墙堆石渣坝	面板堆石坝
面积	亩	46.4	155.56	125.06
与混凝土重力坝的差值	亩		109.16	78.66
投资	万元	417.59	1400.06	1125.56
与混凝土重力坝的差值	万元		982.47	707.97
大坝投资	万元	20534.24	18005.5	17329.73
施工辅助工程	万元	6400	7845	8295
移民征地投资	万元	417.59	1550.06	1275.56
水土保持	万元	688.06	1314.98	1275.56
投资合计	万元	28039.89	28715.54	28094.47
与混凝土重力坝的差值	万元		675.65	54.58

（2）优化坝后管理范围。

抽水蓄能电站的坝后管理范围是根据《水库工程管理设计规范》（SL 106—2017）及《水电工程施工总布置设计规范》（NB/T 35120—2018）的相关规定来设定的，一般会在上下水库坝脚线外扩30～50 m作为大坝的管理范围，有些电站甚至会外扩100 m，但《水库工程管理设计规范》（SL 106—2017）主要针对的是水利枢纽工程，而《水电工程施工总布置设计规范》（NB/T 35120—2018）主要针对工程施工组织设计。此外，征地移民行业规范《水电工程建设征地处理范围界定规范》（NB/T 10338—2019）中也并未明确规定枢纽工程建筑物的管理范围。

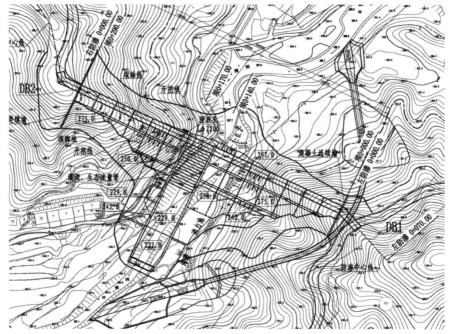

图 5-27 混凝土重力坝方案平面

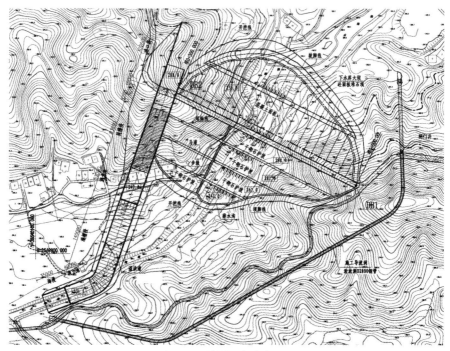

图 5-28 面板堆石坝方案平面

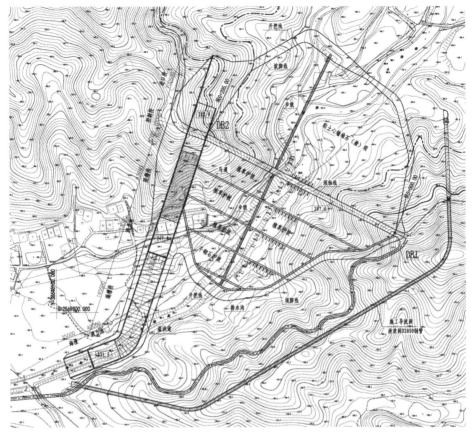

图5-29 心墙堆石渣坝方案平面

    通过对已建的抽水蓄能电站工程的实地调研发现，电站的大坝管理范围一般通过设置铁丝网或挡墙来划分，大坝与挡墙之间的坝后管理范围的利用程度较低，有些做了绿化措施，有些则杂草丛生（见图5-30）；有些电站上水库坝后的地形险峻陡峭，外扩的几十米管理范围落差极大，没有太多利用价值。因此，目前抽水蓄能电站工程的坝后管理范围仍有巨大的优化空间，应结合各工程实际情况及地形地质条件，可考虑在坝后设置必要的截排水设施，缩减不必要的坝后管理范围。

3. 永久道路

（1）结合地方道路的建设模式。

    结合地方道路的建设模式是近年来新兴的进场道路建设模式，其操作方式是由电站的建设单位出资、地方政府立项进行道路建设，道路可作为社会各方交通道路及电

图5-30 某抽水蓄能电站上水库坝后状况

站连接道路一并使用，既缩短了电站的建设周期，也方便了当地的群众，还为电站节约了部分用地指标。

结合地方道路的建设模式的首要因素是地方政府的大力支持，建设单位应与地方政府提前协商道路立项的相关事宜、建设费用、后期运行管理维护等。其次，在进场道路方案的设计中，应避开生态红线、基本农田等制约项目立项的因素，否则该模式无法实施。另外，因进场道路需要衔接下水库大坝，因此进场道路立项相关事宜应在工程下水库水位、大坝坝型、规模等制约进场道路设计的关键因素基本确定的前提下开展，且应留出一定的调整余地，以防后续工程相关指标的变化。

某抽水蓄能电站建设站址位于城市规划区，其所有永久道路均采用结合地方道路的建设模式（见图5-31）。建设单位同地方政府达成一致，由建设单位出资，地方政府立项，进行永久道路建设。最终该模式节约用地指标约850亩。

（2）合理选择道路等级。

分析各个工区的交通量和运输量，按照《水电工程场内交通道路设计规范》（NB/T 10333—2019）和《水电工程对外交通专用公路设计规范》（NB/T 35012—2013）的规定，结合道路定位，依据交通量合理选择车道数目和设计时速，从而确定公路路基断面形式和标准宽度，最终确定道路的占地规模。

（3）优化设计路基横断面。

在确定了道路建设规模、技术标准和路线走向的前提下，路基横断面设计直接

图 5-31　某抽水蓄能电站公路（结合地方道路的建设模式）

影响占地规模。

①在占用耕地区的填方路基，可增设挡土墙，收缩坡脚，从而减少用地面积和工程造价。通过对第1级边坡设置挡土墙，路基横断面用地宽度可减少约5.2 m，见图5-32。

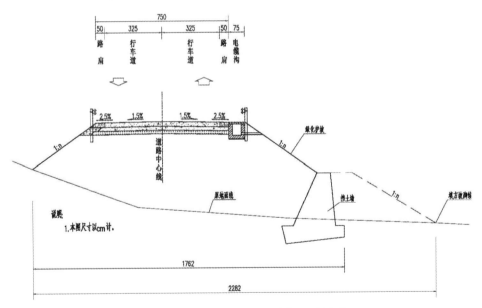

图 5-32　增设挡土墙减少路基横断面用地宽度

②改进排沟的布置形式可以减少占用土地面积。道路建设中经常采用宽1.5 m、深0.6 m的梯形排水沟，为了减少征地宽度，可以采用宽度为0.6～1.0 m的梯形或者

矩形排水沟，适当加深排水沟深度。例如，开口宽度 1.5 m 的排水沟改为开口宽度 1.0 m 的排水沟，按道路单边考虑，能节约土地约 0.75 亩/km。另外，必须根据计算汇排水流量，对于不需要边沟的路段可不设边沟，通过自然长草或人工植草方式自然排水。

（4）增加桥隧比例，减少地表用地。

由于每千米桥隧占地面积远远小于路基占地面积，因此，在造价控制范围内合理提高桥梁和隧道在整条道路中的占比是很好的节约土地资源的方法。

在工程造价控制范围内以桥梁替代填方路基，可以节约土地资源。因为桥梁的征地采用投影面积计算，而路基征地通常受路基填土高度影响，征地范围包括路面、两侧边坡、两侧边沟和绿化带等。以 2 车道道路为例，填土路堤边坡坡率为 1:1.5，当路堤高度大于 6.5 m 时，道路路堤占地面积将是桥梁占地面积的 2.5 倍以上，这对于优质耕地区将是很大的浪费。

在山区地带或重丘陵地带，在工程造价控制范围内，以隧道替代挖方路基可以减少建设用地面积。因为隧道只有进出洞口用地，洞身段无需征地，而挖方路基征地通常受路基开挖高度影响，征地范围包括路面、两侧边坡、两侧边沟等。因此，合理设置公路隧道，减少明线路基的大挖大填，对环境影响较小。同时，随着人民生活水平和经济能力的提高，隧道在抽水蓄能电站道路建设中所占路线总长比例大幅提升。据相关统计，天荒坪抽水蓄能电站一期场内道路全长 20.96 km，其中隧道总长 1.60 km，占比仅为 0.5%；而天荒坪抽水蓄能电站二期场内道路全长 24.69 km，其中隧道总长 11.50 km，占比达 46.6%。虽然布置隧道能减少占地和对环境的影响，但是，隧道造价是明线路基的两倍，且施工工期较长。若隧道占比过高，会导致电站建设成本大幅增加，施工工期加长，通车时间推后。因此，在路线布置时，偏重于布设明线路基还是设置隧道是一个值得探讨的问题。

4. 开关站

（1）结合地形条件选址，减小边坡面积。

开关站的位置选择需要综合考虑地形地质条件、枢纽建筑物布置、出线洞的布置方式和防洪标准等。开关站位置的选择不同，地形条件不同，边坡开挖支护面积就不同，用地面积也就相差较大。若出线洞采用竖井方案，开关站选址在厂房上方（一般来说，抽水蓄能电站厂房埋深都较大，而且厂房上方山体边坡陡峻，交通一般不便），那么不但边坡开挖范围大，还需要单独布置开关站支线道路用来满足交通要求，用地面积显著加大；若出线洞采用斜洞或平洞方案，开关站选址于现有道路附近平地，则既能满足交通便利需求，又能减少边坡开挖范围，用地面积显著减小。因此，在开关站的位置选择时，结合方案技术经济比选，充分考虑节约集约用地是有必要的。

开关站位置的选择宜满足以下要求：①宜布置在地质构造简单，风化、覆盖层及卸荷带较浅的岸坡，避开不良地质构造、山崩、危崖、滑坡及泥石流等地区，并应尽量避免高边坡开挖；②应与较好的厂区交通干道连接，方便对外交通；③应选择交通便利的位置，缩短运距，方便施工，缩短工期；④宜选择靠近电站控制中心和业主营地的位置，便于后期的运行管理；⑤应方便对外输电线路的布置和施工，有利于出线；⑥开关站与厂房洪水标准相同，应符合防洪标准。在基本满足以上要求的前提下，选择可节约用地面积的方案作为工程推荐方案。

在基本满足上述要求前提下，经技术经济比选，某抽水蓄能电站500 kV开关站选址位于在地下厂房西南侧平地，采用GIS组合式开关站，出线洞采用斜洞方案。施工图阶段为节约用地面积，将开关站位置及方向进行了微调，开关站的边坡开挖最大高度由41 m降低至18 m，节省了约一半的边坡用地面积。节地优化前后的开关站平面布置见图5-33和图5-34。

（2）优化开关站布置形式，减少用地面积。

抽水蓄能电站的GIS开关站设备的体积小，一般放置在户内，可以布置在地面，也可以布置在地下。地面开关站运行条件较好，可以减少洞的开挖量，厂区地形较平缓时，一般采用地面GIS开关站方案。当地面边坡较陡或无合适的场地布置地面GIS时，可以将GIS布置在地下主变压器室的上层，地面仅布置出线场。显然，地下GIS开关站方案相比地面GIS开关站方案用地面积更少，但由于GIS布置在地下，主变洞开挖尺寸加大，施工工期、投资增加，GIS运行环境相对不利，因此虽GIS布置在地下，开关站用地面积最少，但目前国内大型抽水蓄能电站大多仍采用地面GIS开关站方案。在地面GIS开关站方案中，为节约集约用地，可通过优化开关站布置形式来减

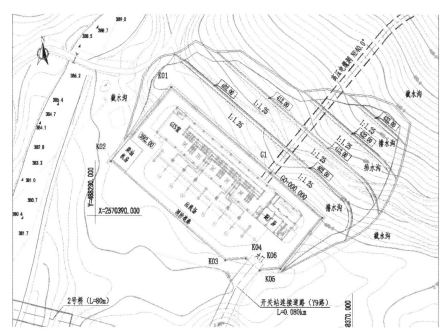

图 5-33　某抽水蓄能电站开关站平面布置（节地优化前）

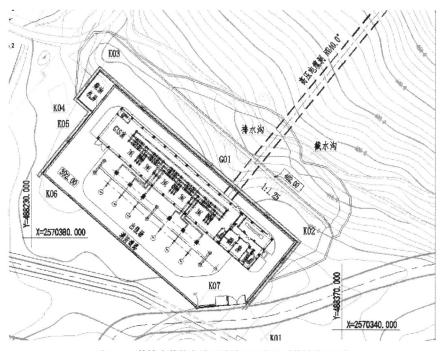

图 5-34　某抽水蓄能电站开关站平面布置（节地优化后）

少用地。

如某抽水蓄能电站根据场区地形地质条件，选定开关站位置后，结合开关站不同的布置形式，拟定了两个地面GIS开关站布置方案。

方案1：地面GIS开关站，出线构架和GIS楼平行布置，开关站尺寸100 m×60 m，面积为6000 m²。

方案2：地面GIS开关站，出线构架和GIS楼上下布置，开关站尺寸95 m×35 m，面积为3325 m²。

显然，方案1即使不考虑边坡用地面积优化，也比方案2少近一半的用地面积，推荐采用方案1。两个方案的开关站平面布置见图5-35和图5-36。

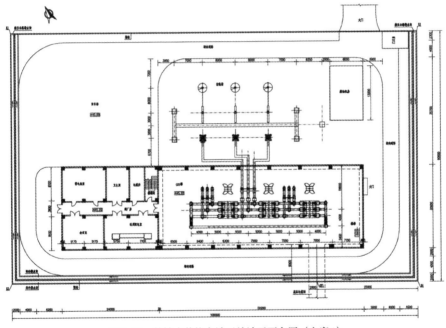

图5-35　某抽水蓄能电站开关站平面布置（方案1）

5.交通洞及通风洞

目前国内已建和在建的大型抽水蓄能电站绝大多数采用地下厂房的形式，交通洞和通风洞为地下隧洞，洞身段不占用地，用地处主要是洞口平台及边坡范围。选定完交通洞及通风洞的洞口位置后，用地面积的减小主要通过优化洞口边坡，增加支护措施，增大开挖坡比，减小边坡范围。

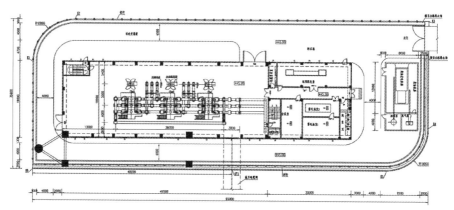

图5-36 某抽水蓄能电站开关站平面布置（方案2）

6.业主营地

（1）选择地形条件好的位置，减小边坡面积。

业主营地的选址主要影响场地处理中边坡的用地面积，应选择地形较为平坦的、用地在下水库内的地块，可减少业主营地用地中边坡的面积，从而达到节地目的。如表5-10所示，对比两个抽水蓄能电站业主营地的总用地面积发现，广东某抽水蓄能电站业主营地总用地面积更大，但有效厂区用地面积更小；福建某抽水蓄能电站业主营地因选址较好，在总用地面积较小的情况下，有效厂区用地面积却更大。

表5-10 两个抽水蓄能电站业主营地的用地面积

项目名称	广东某抽水蓄能电站业主营地	福建某抽水蓄能电站业主营地
总建筑面积/m²	17532	18360
总用地面积/m²	40000	34497
有效厂区用地面积/m²	25413.5	29738.43
边坡面积/m²	14586.5	4758.57

（2）加高楼层，增大容积率。

业主营地中有办公楼、宿舍楼、食堂等生活用房，还有配电房、水泵房等附属用房，可以通过整合功能、加高楼层的方式来减少建筑物占地面积，增大容积率。例如，可整合办公楼、中控楼和安保用房为一栋综合办公大楼；整合单廊的宿舍楼为内廊的宿舍楼；整合水泵房、污水处理房和配电房等设备用房为一栋综合设备房。尽量集中布置建筑物，可减少其占地面积。该法可行性高。

（3）探索地下空间。

通过建设地下室，将部分功能转移至地下室空间，如停车场、设备用房可以转移至地下空间，以减少占地。但是该法推行难度较大，首先，在山地开挖地下室工程的建设难度大；其次，建设地下室投资大，项目业主一般不会考虑此方案。

（4）结合工程留用地建设业主营地。

广东省抽水蓄能电站工程生产安置方式一般采取留用地安置方式，即每征一亩村集体农用地，地方政府就需要安排10%～15%的建设用地给村集体，用于发展村集体经济。留用地可通过实地留用地方式安排，亦可折算成货币直接补偿给村集体，但由于土地资源紧张，村集体开发能力不足，工程当地建设用地价值不高等，实地留用地难以最终落地。

因此，可考虑结合工程留用地建设业主营地的模式，探索业主购置或租用村集体留用地建设业主营地的可行性，一方面节约工程的用地指标，另一方面也可解决实地留用地难以实施落地的问题。

但从实际操作来看，该方式仍存在诸多阻碍。首先，不利于项目业主的后期管理，容易产生权属上的纠纷问题；其次，通过租或购置村集体留用地的方式所付出的投资，可能会多于永久征地的补偿投资，实施难度大；最后，从工程进度和建设时序的角度分析，部分项目需要率先建设业主营地，与地方政府落实留用地的进度计划相矛盾。

综上所述，结合工程留用地建设业主营地的模式存在诸多弊端和难度，经分析，不推荐此方法。

（5）优化定员人数。

目前抽水蓄能电站人均建设指标基本参照《水电工程费用构成及概（估）算费用标准（2013年版）》，而此标准人均建设指标参考《党政机关办公用房建设标准》，该标准的人均建设指标高于《水库工程管理设计规范》（SL 106—2017）、《水闸设计规范》（SL 265—2016）、《堤防工程设计规范》（GB 50286—2013）中针对管理用房规定的人均建设指标。由此可知，人均建设指标是可优化的。并且，随着科技发展，目前电站运行管理应结合"无人值守，少人值班"的理念，尽量通过远程控制，采用多后方办公、少前方值班的模式，结合地理位置、距离市（县）区距离等情况，优化定员人数，以减小业主营地用地面积。此法需要有相关标准来约束。

（6）优化人均建设用地面积。

国家规范、行业规范并没有对抽水蓄能电站业主营地的用地规模做出相关规定，因此抽水蓄能电站没有具体的人均用地指标，若对比《水库工程管理设计规范》（SL 106—2017）规定的管理用房人均用地指标，目前所建成的抽水蓄能电站的用地规模普遍偏大。

近几年抽水蓄能电站案例分析见表5-11。

表5-11　近几年抽水蓄能电站案例分析

项目名称	电白抽水蓄能电站	中洞抽水蓄能电站	云霄抽水蓄能电站
装机规模/MW	1200	1200	1800
定员人数/人	120	120	180
总建筑面积/m²	17532	31840	18360
总用地面积/m²	40000	53511	34497
人均建设面积/m²	146.1	265.33	102
人均用地面积/m²	333.33	445.93	191.65

从表5-11可知，定员人数均为120人的电白抽水蓄能电站和中洞抽水蓄能电站的人均建设面积相差约1倍，而定员人数为180人的云霄抽水蓄能电站的总建筑面积却仅比中洞抽水蓄能电站的一半多约2000 m²。建设规模计算标准不统一、重复计算等是目前抽水蓄能电站建设存在的普遍现状，所以造成同样装机规模的电站，建设规模却相差巨大，用地规模也相差巨大。所以，需要结合工程实际情况制定相关的用地标准，规范抽水蓄能电站业主营地用地指标计算规则。

7. 泄洪设施

在泄洪设施形式选择方面，混凝土重力坝的泄洪、放空设施采用溢流坝设计，能与坝体结合布置，基本不增加用地面积。

土石坝需要布置单独泄洪、放空设施，如溢洪道、泄洪洞，且应尽量采用泄洪洞方案。泄洪设施中泄洪洞形式用地面积最小，但泄洪洞的泄洪量有限，不适用于泄洪量较大的工程，但部分抽水蓄能电站泄洪量较小，比较适合设置泄洪洞。泄洪洞可结合施工导流，且洞口较小，与溢洪道的泄洪方式相比，大大减少了工程用地面积。

水库的泄洪建筑物一般采用溢洪道形式，溢洪道轴线尽量布置在山脊或平缓地形上，结构形式合理布置，以减少高开挖边坡，能有效减少泄洪设施用地面积。

例如在福建省某抽水蓄能电站的可行性研究阶段中，根据地形地质条件，泄洪方式拟定两种方案进行比选。方案1：溢洪道方案。方案2：泄洪洞方案。从土地征收方面考虑，方案2比方案1少征收土地28.39亩，方案2比方案1少投资248万元。两个方案均不占用基本农田。从移民安置难度方面考虑，两个方案均不涉及搬迁人口和专项迁建，两个方案移民安置难度基本一致。两种泄洪方案相关指标比较见表5-12，两种泄洪方案平面见图5-37和图5-38。

表5-12 两种泄洪方案相关指标比较

序号	项目	泄洪方案	
		方案1：溢洪道方案	方案2：泄洪洞方案
1	占地面积/亩	34.09	5.7
2	主要地类	林地	林地
3	投资/万元	298	50.0

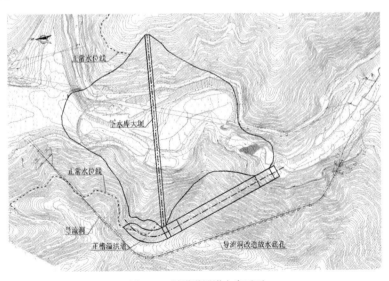

图5-37 溢洪道泄洪方案平面

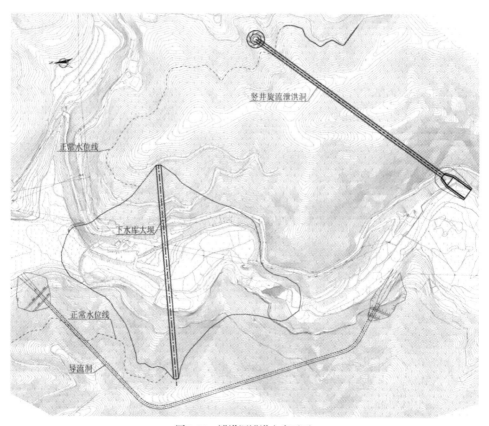

图5-38 泄洪洞泄洪方案平面

8. 弃渣场

结合土石方平衡成果、场地地形地质条件、水文条件等，对弃渣场选址进行统筹规划，并要满足环境保护与水土保持要求以及当地城乡建设规划要求。在有条件的情况下，弃渣场可选在水库死库容以下，但不得妨碍施工期导流度汛及永久建筑物正常运行。

9. 料场

（1）利用库盆内永久占地范围作为料场。

料场开采区域的布置规划以土料、砂砾石料、石料的料场规划开采量为基础，开采区范围界限和开采强度满足施工供料强度要求。存在库盆内和库盆外多个料源可供选择时，在料源的储量、质量及开采运输条件等要素差别不大的情况下，可尽量选择处于库盆内永久占地范围的料场作为开采料源，以有效减少料场用地面积。

（2）利用外购料，减少料场占地面积。

若工程场区附近及周边存在合适的外供料场，且料源质量、供应规模、交通运输条件等满足工程建设需要，市场供应链成熟稳定，供应价格适中，可通过签订采购供应合同的方式，合理利用外购料，减少工程自身料场占地面积。

10. 临时施工道路

利用现状道路作为临时施工道路。场内施工临时道路路线须按使用功能统筹规划，根据工程施工期间各类有关建设物资、建筑材料、开挖弃渣、施工车辆、机械设备、重大件等运输的要求确定，在现状道路距工程区相对较近，且条件允许的情况下，可采用改扩建的方式，尽量利用现状道路作为施工临时道路。

11. 其他施工工区

（1）利用库盆占地，在蓄水前设置临时施工工区。

当施工生产设施场地布置困难时，可利用水库淹没区场地，布置前期临时施工生产设施，但需要确保该片区所布置的施工生产设施在蓄水后不会继续使用，并在水库蓄水前完成相关拆除及恢复工作。

（2）永临结合，根据用地时序在永久功能地块上设置临时施工工区。

钢管加工厂、转轮拼装厂、金属结构拼装厂的布置应考虑土建施工和机电设备安装的衔接，可利用前期弃渣形成的永久场地进行布置，场地条件应满足加工及材料堆放的要求。

（3）充分利用当地资源。

施工生产设施需要充分考虑利用地方物资转运站、仓库、加工维修企业的生产设施以及地方可利用资源。机械、汽车修配保养可利用当地现有的修配资源。

5.2.2 相关行业节地技术与模式借鉴

节地技术是指能够减少土地占用、提高土地利用效率的技术，既包括节约用地，也包括集约用地。节地模式则是人们在节约集约利用土地的实践中所采取的一系列技术、管理手段和政策措施在时空上的优化组合形式，是对节地实践进行的理论概括。

2017—2022年，我国先后发布了三批《节地技术和节地模式推荐目录》，共46个案例。其中第一批包含6项节地技术和11项节地模式；第二批聚焦轨道交通地上地下空间综合开发利用，包含6项节地模式；第三批包括工业厂房节地技术、基础设施建设节地技术、新能源环保产业节地技术、地上地下空间综合开发模式、城镇低效用地再开发模式、农村集体建设用地节约挖潜模式，共6种类型，23个典型案例。以上述三批节地目录作为实践基础，节地技术与模式大致可以归纳为平面节地型、立体开发型、存量挖潜型和功能复合型4大类型。本书从中选取相关典型案例进行简要分析，探索平面节地型、立体开发型、存量挖潜型、功能复合型等节地技术和模式在抽水蓄能电站各功能区设计和建设中应用的可行性。

（1）平面节地型。

平面节地型主要是通过紧凑式的规划设计和优化生产工艺的方式，减少项目建筑物或构筑物的占地面积，进而提高土地使用效率，实现合理布局用地。在各类建设和生产领域中，可通过采取法律、行政、经济、技术等综合性措施，提高土地利用效率，以最少的土地资源获得最大的经济和社会收益，保障经济社会可持续发展。

例如，在高速公路设计方案中通过适当提高桥梁占比、优化设计方案等方式，减少旧路、旧桥加宽等占地规模，为城镇密集区开辟出桥下空间。以下为具体案例。

【案例5-1】

广东省中山市西部外环高速公路项目——中央墩大悬臂盖梁节地技术

①项目概况。

广东省中山市西部外环高速公路纵向贯通中山市西部地区，路线总长约71.142 km，全线桥梁占比达到95%。项目所在的中山市城镇化程度高，对桥下空间综合开发利用的要求高，征地拆迁实施难度大。西部外环高速公路主线与现状古神公路一期共线段长度约40 km，考虑到古神公路两侧存在高压燃气管线、高压线、给水管、园林、花木等重要地物，为尽量减少新征用地，降低项目实施难度和风险，节约土地资源，采用在古神公路中分带设置中央墩大悬臂盖梁作为高速公路主线桥梁下部结构的方案。

②主要做法。

a.在既有道路上高架时，将中分带加以拓宽改造，将车道进行重新划分，最大程度地节约占地，同时可避免旧路、旧桥加宽改造带来征拆问题，降低了征地拆迁成本，避免了因征拆产生的社会矛盾。

b.对于新建项目，采用中央墩大悬臂盖梁方案可最大程度节省桥下用地，对桥下空间的综合利用开发具有很强的经济效益，同时增加了桥下通透度，有助于缓解城市交通流量压力。城市高架路立体结构示意见图5-39。

图5-39　城市高架路立体结构示意

③节地效果。

中山市西部外环高速公路项目采用该结构形式，相比于同类型公路项目，节约了土地1800亩。

④适用条件。

适用于穿越城镇密集区，在城市化程度高、城市地少人多的区域建设的公路项目。

（2）立体开发型。

立体开发型是利用土地的地表、地表上空和地下空间进行各种建设。地上空间的利用方式主要是建设多高层建筑、高架桥以及立交桥等。地下空间的利用方式是把城市交通（地铁和轨道交通、地下快速路、越江和越海湾隧道）和设施（如各类管线、停车库、污水处理厂、商场、餐饮店、休闲娱乐场所等）尽可能转入地下，从而实现土地的多重利用，提高土地利用效率。在当前我国城镇用地紧张、城镇建设与保护耕地矛盾突出的严峻形势下，城镇建设用地的立体开发利用将成为可持续发展的基本方向。

例如，通过建设多层标准厂房，引导企业"上楼"，充分利用地上空间，提升土地节约集约利用水平；通过挖掘利用地下空间建设生态智能粮食仓，节约地表占地面积等。以下为具体案例。

【案例5-2】

安化经济开发区标准厂房项目——建设多层标准厂房节地技术

①项目概况。

安化经济开发区（以下简称"安化经开区"）位于湖南省安化县，2006年确立为省级经济开发区，总面积194.12 hm²。为解决黑茶加工、中医药等产业快速发展的用地需求，安化经开区加大规划引导力度，根据园区规划和设计，积极推进多层标准厂房（见图5-40）建设，建设三层以上多层厂房建筑面积46.69万 m²。

图5-40　安化经开区多层标准厂房

②主要做法。

a. 引导企业"上楼",推进土地资源利用立体化。

通过优惠政策及多层钢架建筑结构设计,引导企业由建设低层钢结构厂房向建设多层框架厂房转变,可节约土地,提高土地利用率。由园区主导建设的标准厂房,全部按照三层或四层来建设,中小企业将设备搬入便可实现生产经营,降低企业用地成本,提高企业生产性资本投入,提高建设用地利用效率。

b. 实施弹性供地,减少土地闲置。

积极推行弹性年期供应制度,目前园区已弹性出让工业用地14万 m²,通过"先租后让、租让结合"等多种供应方式,提供与企业生命周期相匹配的灵活土地出让年期,可降低土地闲置低效和企业用地成本,提高土地利用效率。

③节地效果。

以往入园项目普遍采用单独供地模式,容积率普遍在0.8左右,土地集约利用程度不高。安化经开区鼓励企业建设多层厂房,统筹建设多层标准厂房,通过提高容积率来提高空间利用效益。园区所有新建多层厂房容积率不低于1.6,截至2020年底,已建成标准厂房46.69万 m²,已使用面积41.23万 m²,园区内工业用地投资强度达到2336.73万元/ hm²,产出强度达到3534.18万元/ hm²,大大提高了开发区土地节约集约用地水平。

④适用条件。

适用于开发区推进土地资源利用由平面开发走向立体整合,整体提高开发区用地效益。

【案例5-3】

石家庄市井陉县孙庄乡智能化地下生态仓储洞库项目
——利用地下空间建设生态智能粮食仓模式

①项目概况。

项目位于河北省石家庄市西郊的井陉县孙庄乡。规划建设智能化地下生态仓储洞库46万 m²（14 m高），其中：粮食32万 m²、库容200万 t，棉花14万 m²、库容50万 t。项目规划鸟瞰图见图5-41。

图5-41　项目规划鸟瞰图

②主要做法。

a.利用地下洞群建设粮食仓，节约地表占地面积。

挖掘地下空间，整体利用山区地下洞库群建设仓储库区、原粮处理中心和仓储辅助设施近60万 m²，既不占耕地，又不破坏地表地貌，节约地表占地面积。同时项目单位仅需要支付村集体一定的租金费用，以租赁方式获得地表荒山的经营管理权，大幅降低用地成本。

b.优化库区布局和仓型结构，减少各类功能区占地面积。

一是采用特殊的直墙段仓型结构，其库容利用率比地表粮库高19.7％以上；二是采用隧道方式建设2 km物流主通道，最大限度减少运输道路占地面积；三是项目建设期间建设1.8 km输送皮带，将建设过程产生的渣土及时外运消化，既节省了废渣堆场占地面积，又保护了生态环境。

③节地效果。

仓储库区主体全部在山体内部，以地下洞库群方式建设。与同规模地面粮库相比，主体库区可以节约土地近200 hm²；运输主通道以隧道方式建设可节约土地1.8 hm²；办公、生活设施利用荒山山坡建设可以节约土地2 hm²；建设过程免建废渣堆场可以减少临时用地3.3 hm²；项目的办公、科研设施用地1.06 hm²，在山坡地（洞口）外，采用招拍挂方式取得。

④适用条件。

地下洞库特别是近郊浅山区的地下洞库，通过地质等评估的，不仅是储存粮食、棉花的最理想场所，也是冷链物品（如乳制品、饮料、酒类、药品等）温控型仓储的理想场所；不仅可以储存生活资料，还可以储存天然气、原油、成油品、应急物资、危化品等；不仅可以用于仓库仓储，还可以用于恒温恒湿的高等级地下厂房、污水处理、废物处理、垃圾处理等产业工程的建设，具备节约土地、节能、环保、节省运营成本和环境设施投资的优点。

（3）存量挖潜型。

存量挖潜型强调在不新增建设用地的前提下，对原有低效、闲置的土地再次开发利用，促进土地功能的转型升级。平面节地型和立体开发型更突出空间上的节地，存量挖潜型的本质是促进不同时间段内土地资源的高效利用，更突出时序上的节地。从各地的实践探索来看，存量挖潜的过程可能会涉及产权主体的变化，从而导致地方政府在处理产权关系、利益平衡时具有一定的复杂性。存量挖潜型可进一步划分为城镇和农村两个区域范畴。其中，城镇区域范畴内的存量挖潜主要对废弃矿坑等城镇闲置、低效建设用地进行再开发，以优化城镇布局、完善城市功能、提升城市品质。农村区域范畴内的存量挖潜则是利用农村的废弃村庄和闲置农房等土地资源，发展乡村旅游产业，打造特色田园乡村，推动乡村振兴。

例如，在尽量不新增用地的情况下，通过对现有废弃矿坑资源的综合利用，提高土地利用效率。以下为具体案例。

【案例5-4】

山东省邹城市上九山古村盘活项目
——盘活闲置村落打造旅游综合体节地模式

①项目概况。

上九山古村位于山东省邹城市石墙镇西南（见图5-42），因其石头房、石头路、石头墙的特点，又被称为石头村。2013年以来，邹城市引入市场主体盘活这片以"石"为特色的古村落。通过发掘、保护上九山古村文化旅游资源，盘活闲置宅基地，培育打造了集探寻古迹、民俗展示、影视拍摄、生态观光、休闲娱乐为一体的乡村振兴新业态，推动了资源节约集约利用与乡村振兴发展的双赢。上九山古村旅游项目先后获得了中国最美原生态古村落、国家级历史文化名村等多项荣誉。

图5-42　邹城市上九山古村

②主要做法。

a.租赁闲置建设用地，提升土地利用价值。

项目采用企业与村集体合作经营的运营模式，企业通过租赁获得上九山古村闲置建设用地使用权，通过农用地流转、山地承包等方式，获得古村周边土地及周边山地的经营权，相继建设了樱花园、玫瑰园、农耕体验园、石海地质公园以及水上游乐项目，大大提升了土地利用价值。通过盘活农村闲置宅基地，发掘、保护文化旅游资源，打造乡村振兴新业态，建成集多元产业于一体的综合旅游基地，推动土地节约集约利用与乡村振兴发展双赢。

b. 纳入省重点项目，获取用地政策及资金支持。

项目在政策和资金方面获得各级政府的大力帮助和支持，作为省重点项目获得40亩用地指标。近年来，邹城市发改、文物、旅游等部门累计拨付各类扶持资金1100余万元，极大减轻了企业资金周转压力，加快了项目建设进度。

③节地效果。

整个项目占地面积300亩，其中盘活利用古村闲置建设用地260余亩，实际仅新增建设用地40亩，节省近90%的土地。

④适用条件。

该项目模式适用于对具有自然形态、人文历史、田园风光和地域特色的农村闲置低效用地进行盘活利用。

（4）功能复合型。

功能复合型以产业转型升级、推动产城融合、完善城市功能发展理念为实施目标，强调通过办公、居住、休闲、商业、交通等不同土地用途的组合利用以及不同产业功能的复合利用，扩展土地用途，提升土地综合效益。因此，功能复合型具体表现为以下几种方式：一是以城市公交场站综合体、场站用地及周边土地为载体，构建"车站＋轨道＋物业"综合开发节地模式；二是依托城市地上地下空间综合开发，实现商业办公、基础设施、公共服务等一体化开发的节地模式；三是通过地上地下空间不同产业功能的复合利用，集中布局产业集聚区，推动功能混合和产城融合，实现土地利用效率的提升。

例如，通过渔光、农光、牧光等"光伏＋"复合利用方式，实现光伏产业与渔业、农业、牧业等不同产业功能的融合发展。以下为具体案例。

【案例5-5】

江苏省宿迁市泗洪光伏发电领跑者基地项目——"光伏+"节地技术

①项目概况。

泗洪光伏发电领跑者基地项目位于江苏省宿迁市泗洪县西南岗片区，是国家能源局批准实施的国家级新能源基础设施建设重点项目，是江苏省规模最大的光伏发电单体项目，属国家单独布点建设项目。

项目规划建设规模为1000 MW，分两期开展。一期占地面积为15390亩，土地类型为一般农用地（坑塘水面）、未利用地（河流水面、滩涂），项目规模500 MW，配套建设5个220 kV升压站，新建及改造220 kV线路290.14 km、110 kV线路28.995 km，2018年12月实现全容量并网发电。

二期总用地面积约为13112亩，土地类型为建设用地（水工建筑用地）、一般农用地（坑塘水面）、未利用地（河流水面），其中水工建筑用地面积约为200亩、一般农用地面积约为80亩、其余为未利用地，总装机容量500 MW，分别建设5个100 MW的农（牧、渔）光互补光伏电站，配套建设5个220 kV升压站，新建及改造220 kV线路79.62 km，2020年6月实现全容量并网发电。

②主要做法。

主要通过渔光、牧光、农光等复合利用方式，在光伏板下进行渔业养殖、油牡丹种植和生猪养殖（见图5-43），一方面节约了用地，另一方面实现了光伏产业与渔业、农业、牧业的融合发展，充分带动农民就业。其中渔光互补养殖面积1.5万亩，农光互补面积1000亩、牧光互补面积1000亩。

图5-43　光伏板下养殖、种植

③节地效果。

光伏基地规划区域主要为未利用地和水工建筑用地，其中升压站、办公用房等按照建设用地依法办理土地征用手续，征用后办理挂牌出让手续；光伏阵列区土地采用租赁方式，不改变光伏阵列区范围内土地权属和性质，不占用耕地，从而提高土地利用效率和产出效益。

④适用条件。

适用于日照资源丰富、符合复合利用条件的未利用地较多的地区。

抽水蓄能电站节地技术应用及模式的初步探索

本章以设计完成的抽水蓄能电站案例为基础，结合各种节地技术，探索其在该工程项目上的应用，对水库淹没区、坝区、业主营地和上下水库连接道路四大抽水蓄能电站主要用地功能区开展节约集约用地规划设计，探索节地模型下抽水蓄能电站的设计方案。

6.1 应用研究对象情况简介

6.1.1 某抽水蓄能电站工程概况

本章节研究的抽水蓄能电站位于广东省广州市的西南方向，与广州市的直线距离约118 km。上下水库属同一水系，都属于西江支流上的河段。本电站总装机容量为1200 MW，共安装4台单机容量为300 MW的立轴单级混流可逆式水泵水轮发电机组。本工程为Ⅰ等大（1）型工程，建成后将承担广东电网调峰、填谷、调频、调相和紧急事故备用等任务，提高广东电力系统的调峰能力，进一步改善电网的供电质量，维护电网安全、稳定、经济运行。枢纽工程主要建筑物由上水库、下水库、输水系统、地下厂房和开关站等组成。

6.1.2 某抽水蓄能电站工程规划设计过程

（1）装机规模及特征水位。

规划设计工作需要通过调节性能分析确定抽水蓄能电站装机规模和特征水位。按照系统规划规模和特性进行系统模拟运行计算，抽水蓄能电站（1200 MW）预计年发电量约为14.2亿 kW·h，年抽水电电量约为18.9亿 kW·h，年发电利用时间约为1183 h。综合电网需求、地形地质条件、机组设计、工程量、投资及内部收益率等因素，选定电站装机容量为1200 MW。

从工程站址上下水库地形条件来看，下水库规模大于上水库，电站装机容量主要取决于上水库地形条件。在选定的上下水库死水位基础上，以天然地形条件来控制，采用分层计算法计算，当上水库正常蓄水位为899 m时，相应库容为692.7万 m³，死水位为860.0 m，死库容为121.3万 m³，调节库容为571.4万 m³。下水库调节库容与上水库匹配，考虑水损备用库容和其他备用库容后，相应的正常蓄水位为341 m，对应库容为709.1万 m³，死水位为310.0 m，死库容为115.4万 m³，调节库容为593.6万 m³。电站按满装机连续发电6 h计，相应装机容量为120万 kW，电站平均毛水头为556 m。

抽水蓄能电站上下水库的特征水位、库容指标成果见表6-1。

表6-1 抽水蓄能电站上下水库的特征水位、库容指标成果

项目	单位	特征值	
装机容量	MW	300×4	
水库		上水库	下水库
正常蓄水位	m	899.0	341.0
相应库容	万 m³	692.7	709.1
死水位	m	860.0	310.0
死库容	万 m³	121.3	115.4
调节库容	万 m³	571.4	593.6
消落深度	m	39.0	31.0
最大毛水头	m	589.0	
最小毛水头	m	519.0	
最大净水头	m	588.9	
最小净水头	m	508.3	
最大扬程	m	594.9	
最小扬程	m	521.0	
最大扬程/最小净水头		1.170	
平均毛水头	m	556.0	
连续满发小时数	h	6	

（2）枢纽布置格局。

根据现场查勘、测绘以及工程地质勘察工作，对上下水库库址和坝址进行了详细的调查和方案分析比较。

①上下水库的库址、坝址和坝线。

经分析比较，因上水库位于冲沟内，上水库天然库盆容量较小，地形方面仅在沟口位置相对较窄，其上、下游地形均宽阔，且其下游沟底及两岸地形均陡降，地形不能满足建库要求。所以，上水库库址及坝址是唯一的。

下水库开展了两个库址的比选，因库址一方案土建工程量小于库址二方案，建设征地和移民规模与难度也远小于库址二方案。因此，库址一方案更优。

确定下水库库址后，对下水库上、下坝址进行方案比选（见图6-1）。下水库上、下坝址工程地质条件相似，工程地质问题相同，但下坝址淹没区移民比上坝址多淹没1个小组，增加的搬迁安置人口较多；另外，需要增加征收2座水电站。综合比较后，推荐上坝址方案。

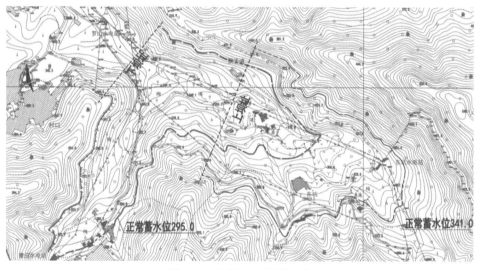

图6-1　下水库上、下坝址示意

此外，经分析论证，上水库上、下坝线地质条件相似，为有效减低上水库水位减少、水库渗漏，选择上水库下坝线方案。因下水库下坝线所处位置的地质构造条件优于下水库上坝线，选择下水库下坝线方案。

②输水发电系统、地下厂房布置。

对输水发电系统、地下厂房布置方案进行分析比选，选定地形条件较优，输水系统线路布置顺畅、线路略短、施工支洞总长度较短的方案作为输水发电系统平面布置推荐方案。选定围岩地质条件与完整性较好、有利于改善地下厂房的运行环境、有利于电站设备的运行和维护、有利于大跨度地下厂房洞室的围岩稳定的中部式开发方式作为厂房的布置形式。

至此，抽水蓄能电站的主要建筑物选址基本确定。

6.2　主要节地技术的应用

枢纽布置格局基本确定后，规划设计工作将依序对上下水库的坝型、进出水口、地下厂房、各类井洞口、上下水库连接道路、业主营地、施工场地、渣料场等进行分析、设计和论证。本节着重对用地面积较大的、可以采用节地技术的上下水库淹没范围、大坝、上下水库连接道路、业主营地进行分析论证；对于用地面积小的进出水口、地下厂房、各类井洞口等地，以及施工临时用地，仅提出设计方案和结论。

6.2.1　大坝坝型设计

总体来说，碾压混凝土重力坝较混凝土面板堆石坝占地面积小，但由于材料价格等因素影响，投资较大。本节将对两种坝型设计方案进行研究，对各影响因素进行汇总比较，探索节地模式下抽水蓄能电站坝型选择和设计的限制条件。

（1）上水库大坝。

上水库采用下坝线，结合地形地质条件，并考虑满足库容要求，分别对布置碾压混凝土重力坝与混凝土面板堆石坝进行方案设计。

①碾压混凝土重力坝。

上水库正常蓄水位为899.0 m，死水位为860.0 m，设计洪水位（$P=0.5\%$）为899.67 m，校核洪水位（$P=0.05\%$）为899.83 m。上水库总库容为710.1万 m^3，有效库容为571.4万 m^3，死库容为121.3万 m^3。

碾压混凝土重力坝坝顶高程为902.0 m，最大坝高为122 m，坝顶长度为454 m，坝顶宽度为10 m。坝体上游面820.0 m以上高程为垂直面、820.0 m以下坡度为1：0.2，坝体下游坡比为1：0.78。大坝横缝间距为20 m，共分为23个坝段。在正对下游河床部位布置溢流坝段，两侧布置非溢流坝段。溢流坝段分2孔，每孔净宽为10 m，为开敞式自由溢流堰，堰顶高程为正常蓄水位为899.0 m。溢流坝段上游面垂直，堰面为WES曲线，堰面曲线以下坡比为1∶0.78，采用台阶式溢流面与消力池联合消能方式。溢流坝坝顶设宽10 m的混凝土交通桥，桥面与坝顶齐平。坝体内设置有基础灌浆廊道、内部观测与交通廊道、排水观测廊道和集水井等。

上水库天然库容不足，其扩容结合筑坝石料开挖，在水库右岸部位布置库盆开挖，微风化、弱风化开挖坡比为1∶0.5～1∶0.75，强风化开挖坡比为1∶1.0，全风化开挖坡比为1∶1.5，每10 m高度设马道，马道宽度为2.0 m，库盆土石方开挖方量为201万 m^3。

碾压混凝土重力坝断面见图6-2。

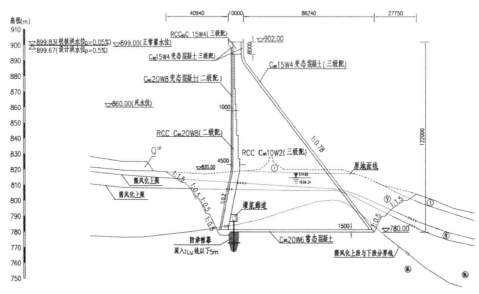

图6-2　碾压混凝土重力坝断面

②混凝土面板堆石坝。

上水库正常蓄水位为897.1 m，死水位为860.0 m，设计洪水位（$P=0.5\%$）为899.3 m，校核洪水位（$P=0.05\%$）为900.3 m。上水库总库容为732.9万 m^3，调节库容为712.0万 m^3，死库容为86.5万 m^3。

上水库集雨面积为1.01 km^2，由于集雨面积较小，且受地形条件限制，不设溢洪道。上水库大坝采用混凝土面板堆石坝，坝顶高程为902.0 m，最大坝高为97 m（趾板处），坝顶长度为414.0 m，坝顶宽度为10 m，混凝土路面结构，坝顶设混凝土防浪墙，防浪墙顶高程为903.20 m。坝体上游坝坡1∶1.4，下游坝坡每20 m设一级宽2 m的马道，马道上、下坝坡均为1∶1.5，下游坝坡采用干砌块石护坡。

上水库天然库容不足，其扩容结合筑坝石料开挖，在水库右岸部位，微风化、弱风化及强风化开挖坡比为1∶0.5～1∶0.75，强风化开挖坡比为1∶1.0，全风化开挖坡比为1∶1.5，每10 m高度设马道，马道宽度为2.0 m，库盆土石方开挖方量为561万 m³。混凝土面板堆石坝方案断面见图6-3和图6-4。

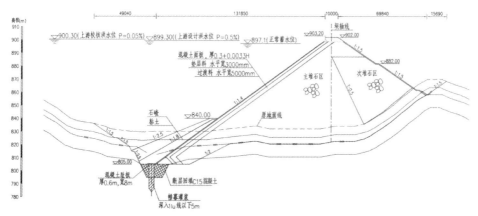

图6-3 混凝土面板堆石坝断面（最大坝高）

③主要建设条件和指标情况。

a.地形地质条件比较。

根据上水库地形地质条件，坝轴线方向为N45°W，坝址峡谷地形呈不对称的V字形，左岸山顶高程为985 m，山坡坡度为25°～35°，右岸山顶高程为949.1 m，山坡坡度为15°～30°。

对碾压混凝土重力坝和混凝土面板堆石坝两方案进行比较发现，两方案属于同一地貌单元，处于同一地质单元内，工程地质条件相同或相似（见表6-2），工程地质条件不会成为坝型比选的决定因素。

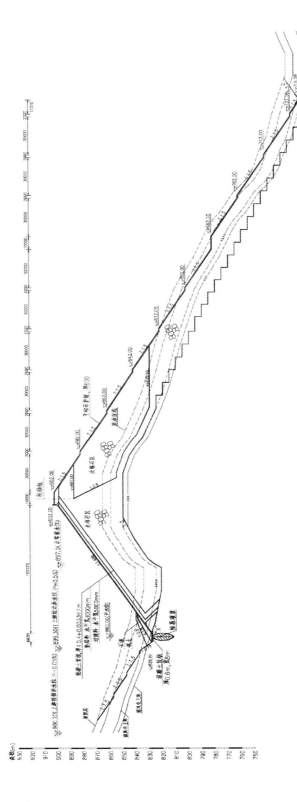

图6-4 混凝土面板堆石坝断面（坡脚最低点）

表6-2 上水库两种坝型工程地质条件比较

工程地质条件	碾压混凝土重力坝	混凝土面板堆石坝	比较结果
地形地貌	坝址峡谷地形呈不对称的V字形，正常蓄水位时，左岸山脊宽度为280 m，右岸山脊宽度为260 m，库尾垭口宽度为300 m。库周山体雄厚，库尾垭口较雄厚，地形封闭条件较好	坝址峡谷地形呈不对称的V字形，正常蓄水位时，左岸山脊宽度为234 m，右岸山脊宽度为200 m，库尾垭口宽度为268 m。库周山体雄厚，库尾垭口较雄厚，地形封闭条件较好	相似
地层岩性	坝址区地层为燕山期三期中粒斑状黑云母花岗岩，表层覆盖坡积层，谷底覆盖人工填土	与碾压混凝土重力坝方案相同	相同
岩体风化特征	对于坝轴线，覆盖层厚度：左岸平均为3.8 m，谷底为4.9 m，右岸平均为4.6 m。全风化层厚度：左岸平均为4.6 m，谷底为8.8 m，右岸平均为17.1 m。强风化厚度：左岸平均为16.2 m，谷底为2.1 m，右岸平均为10.1 m。弱风化上带顶板埋深：左坝肩平均为23.5 m，谷底为15.8 m，右坝肩平均为31.8 m。弱风化下带顶板埋深：左坝肩平均为31.2 m，谷底为35.9 m，右坝肩平均为41.5 m。微风化带顶板埋深：左坝肩平均为39.5 m，谷底为49.8 m，右坝肩平均为49.9 m	坝轴线岩体风化特征与碾压混凝土重力坝方案相同。对于趾板轴线，覆盖层厚度：左岸平均为2.4 m，谷底为4.5 m，右岸平均为7.7 m。全风化层厚度：左岸平均为6.3 m，谷底为7.2 m，右岸平均为8.7 m。强风化厚度：左岸平均为9.7 m，谷底为19.5 m，右岸平均为12.0 m。弱风化上带顶板埋深：左岸平均为17.3 m，谷底为31.2 m，右岸平均为26.2 m。弱风化下带顶板埋深：左岸平均为30.4 m，谷底为92.0 m，右岸平均为38.6 m。微风化带顶板埋深：左岸平均为41.2 m，谷底未揭穿，右岸平均为51.2 m	两坝型坝轴线岩体风化特征相同；趾板轴线与坝轴线两岸风化深度相似，沟底风化趾板轴线深于坝轴线
地质构造	f4、f17断层通过沟底右坝基，夹角为60°，倾角为60°～80°，倾向右岸；f18断层近平行通过坝肩右侧下游，倾角为80°，倾向上游；发育陡倾角裂隙，未见倾向下游缓倾角结构面	与碾压混凝土重力坝方案相同	相同
坝基渗漏	坝基风化深，发育顺沟向断层，坝基渗漏问题较突出	与碾压混凝土重力坝方案相同	相同
水库渗漏	地形封闭条件好，不存在库水外渗问题，两岸近坝头地下水位低于正常蓄水位，存在绕坝渗漏问题	与碾压混凝土重力坝方案相同	相同

工程地质条件	碾压混凝土重力坝	混凝土面板堆石坝	比较结果
库岸稳定	自然边坡稳定，消落深度为39.0 m，水位涨落时，陡坡地段会产生坍滑	自然边坡稳定，消落深度为37.1 m，水位涨落时，陡坡地段会产生坍滑	相似

b. 工程布置比较。

从工程总布置来看，两方案均可行，坝址区地质条件基本相同，碾压重力坝方案充分利用原地形，可减少坝体工程量；混凝土面板堆石坝可充分利用坝基及库盆开挖料，但弃渣量大，且混凝土面板堆石坝左侧坝基及坝肩均为陡坡不利于大坝稳定。上水库两种坝型工程特性及主要工程量见表6-3。

表6-3　上水库两种坝型工程特性及主要工程量

项　　目		碾压混凝土重力坝	混凝土面板堆石坝
工程特性	上水库正常蓄水位/m	899.0	897.1
	调节库容/万 m³	571.4	575.1
	大坝高度/m	122	97
	坝轴线长度/m	454	414
主要工程量	大坝土石方明挖量/万 m³	163	199
	坝体堆石填筑量/万 m³		344
	混凝土量/万 m³	121	2.82
	库盆土石方明挖量/万 m³	201	561

c. 施工比较。

从施工条件来看，上水库库盆狭窄，坝后右侧地形相对平缓。从填筑料运输通道来看，混凝土面板堆石坝上下游都需要布置分级施工道路，碾压混凝土重力坝主要集中在坝后，混凝土面板堆石坝施工临时道路较碾压混凝土重力坝长，从施工条件看，施工场地布置和施工道路宜布置在坝后，碾压混凝土重力坝施工组织相对方便。

从填筑料的开采加工和弃渣规划来看，两个坝型填筑料来源主要为库岸开挖料。碾压混凝土重力坝方案中，上水库土石方总开挖量为366.1万 m³，混凝土浇筑量为122万 m³，需要开采骨料料源石方量为128.7万 m³；混凝土面板堆石坝方案中，上水库土石方开挖量为763.9万m³，总土石方填筑量约为347.6万m³（压实方），混凝土浇筑量为3.9万m³，碎石垫层料需要10万m³（压实方）。从上述可知，混凝土面板堆石坝开挖填筑强度远大于碾压混凝土重力坝，如上下水库都设置人工砂石加工系统，则碾压混凝土重力坝加工系统规模要远大于混凝土面板堆石坝。经土石方平衡，混凝土面板堆石坝方案比碾压混凝土坝方案多弃渣约200.7万m³，弃渣规划难度远大于碾压混凝土重力坝方案。综上，碾压混凝土重力坝方案更优。

两个方案施工导流条件相近，导流方式和导流标准基本相同，区别不大。

从施工总布置来看，碾压混凝土重力坝方案弃渣量少，库外永久渣场占地面积相对较小，渣场等级较小。从混凝土用量来看，碾压混凝土重力坝的混凝土用量较多，砂石料系统和混凝土拌和系统占地面积更大。

从施工进度方面来看，两个方案坝体施工工期存在一定差别，但因不处于关键线路上，两者对总工期影响不大。

综上所述，碾压混凝土重力坝施工布置简单方便，土石方开挖和填筑强度较小，施工难度不大，施工条件相对简单，弃渣量较小，导流难度和投资与混凝土面板堆石坝相差不大。因而，从施工角度来看，碾压混凝土重力坝相对更好。

d.移民征地比较。

从影响人口房屋方面比较来看，两个方案均不涉及搬迁人口及房屋拆迁。

从影响土地方面比较来看，混凝土面板堆石坝方案涉及永久占地面积约为344亩，均为生态公益林；碾压混凝土重力坝方案涉及永久占地面积约为203亩，均为生态公益林。碾压混凝土重力坝方案占地面积比混凝土面板堆石坝方案少131亩。

从影响专项设施方面比较来看，混凝土面板堆石坝方案会影响电塔2座，风机1座；碾压混凝土重力坝方案会影响电塔1座。碾压混凝土重力坝方案影响的专项设施较少。

从征地投资方面来看，混凝土面板堆石坝方案上坝区征地投资约为6047万元，碾压混凝土重力坝方案上坝区征地投资约为4146万元。碾压混凝土重力坝方案投资比混凝土面板堆石坝方案少1901万元。

综上所述，从建设征地和移民安置角度定性考虑，为降低投资、减少工程建设占地、减小对专项设施的影响，推荐碾压混凝土重力坝方案。

e.投资比较。

上水库两种坝型投资见表6-4。

表6-4　上水库两种坝型投资

项　　目	混凝土面板堆石坝	碾压混凝土重力坝
坝轴线	下坝线	下坝线
大坝投资/万元	56623	64009
施工辅助工程/万元	3085	3440
移民征地投资/万元	6047	4146
水保/万元	4432	4029
引水发电系统/万元	700	0
投资合计/万元	70887	75624

综上所述，上水库混凝土面板堆石坝方案相较于碾压混凝土重力坝方案，投资降低了4737万元。

（2）下水库大坝。

下水库大坝采用上坝址下坝线，结合地形地质条件，并考虑库容要求，分别对布置碾压混凝土重力坝与黏土心墙堆石渣坝进行方案设计。

①碾压混凝土重力坝。

碾压混凝土重力坝对应下水库正常蓄水位为341.0 m，死水位为310.0 m，正常蓄水位对应库容为841.4万 m^3，有效库容为589.6万 m^3，死库容为251.5万 m^3。

碾压混凝土重力坝坝顶高程为345.0 m，最大坝高为130 m，坝顶长度为560 m，坝顶宽度为10 m。坝体上游面505 m以上高程为垂直面，505 m以下坡比为1∶0.2，坝体下游坡比为1∶0.78。大坝横缝间距为20 m，共分为28个坝段。在正对下游河床部位布置溢流坝段，两侧布置非溢流坝段。溢流坝段分3孔，每孔净宽为10 m，为开敞式自由溢流堰，堰顶高程与正常蓄水位相同（341.0 m）。溢流坝段上游面垂直，堰面为WES曲线，堰面曲线以下坡比为1∶0.78，采用台阶式溢流面与消力池联合消能方式。溢流坝坝顶设宽10 m的混凝土交通桥，桥面与坝顶齐平。坝体内设置有基础灌浆廊道、内部观测与交通廊道、排水观测廊道和集水井等。碾压混凝土重力坝断面见图6-5。

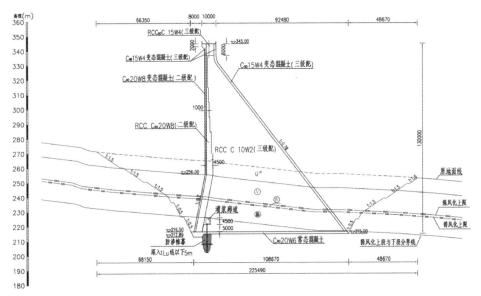

图6-5　碾压混凝土重力坝断面

②黏土心墙堆石渣坝。

黏土心墙堆石渣坝对应下水库正常蓄水位为341.0 m，死水位为310.0 m，有效库容为593.6万 m³，死库容为115.4万 m³。

黏土心墙堆石渣坝坝顶高程为345.0 m，坝顶上游侧设防浪墙，防浪墙顶高程为346.2 m。最大坝高为91.5 m，坝顶长度为506.5 m，坝顶宽度为8 m。上游坝坡坡比为1∶2.75，下游坝坡坡比为1∶2.5。在下游坝坡上每隔15.0 m设宽2 m的马道。黏土心墙堆石渣坝上下游区基础置于全风化土上，基础防渗处理方案采用混凝土防渗墙＋帷幕灌浆，混凝土防渗墙深入弱风化线以下1 m，帷幕灌浆布置一排，孔距为1.5 m，深入相对不透水线以下5 m。

大坝右坝头布置侧槽式溢洪道泄洪，堰顶高程与正常蓄水位相同（341.0 m），溢洪道净宽为30 m。溢洪道总长度为575.36 m，其中侧槽段为30 m，缓槽段为243.46 m，陡槽段为261.9 m，消力池段为40 m。陡槽段坡比为1∶2.25，宽度为8.0 m，设有台阶；陡槽段末端与消力池相接，消力池深度为4.0 m，宽度为20 m。消力池下游布置格宾石笼防冲，并与原河道平顺连接。

放水底孔布置在导流洞内，进口高程为302.5 m，出口高程为228.43 m，长度为782.3 m，孔径为2 m，在导流洞工作结束后，洞内预埋钢管，管与洞壁之间回填混凝土，中部布置检修闸门，出口直径渐变为1.6 m，出口由锥形阀控制泄流。阀后利用原导流洞消力池底流消能，水流经消力池后进入下游河道。

结合坝体土料开采与库容扩挖需要，在大坝左岸进行库盆开挖，微风化、弱风化开挖坡比为1：0.5～1：0.75，强风化开挖坡为1：1，全风化开挖坡为1：1.25～1：1.5，每10 m高度设马道，马道宽度为2.0 m，开挖坡面局部采用喷锚支护。

下水库黏土心墙堆石渣坝断面见图6-6。

③主要建设条件和指标情况。

a.地形地质条件比较。

下水库坝址位于下水库西北侧，坝址左岸山体雄厚，与输水发电系统和上水库为同一山体，大坝下游约300 m，发育冲沟，切断山体，左坝头单薄分水岭长约60 m，在正常蓄水位时宽度为170 m，左坝头山顶高程为410 m，左岸山坡坡度为20°～30°；右岸为近东西向条形山，右坝头单薄分水岭长约170 m，正常蓄水位对应山脊宽度为175 m，右坝头山坡坡度为15°～40°，局部大于40°。坝址区植被发育，岸坡稳定，右岸边坡局部较陡。

坝址区地层为燕山期三期中粒斑状黑云母花岗岩，岩石风化较深，两岸主要出露较厚的全风化岩，两岸表层覆盖坡积层，谷底覆盖第四系冲积层。

黏土心墙堆石渣坝与碾压混凝土重力坝两方案坝轴线相同，地形地貌条件相同，黏土心墙堆石渣坝对坝基要求不高，坝基可置于全风化带中部硬塑层～坚硬层，开挖量小，碾压混凝土重力坝对坝基要求高，坝高130 m，坝基需要置于弱风化下带～微风化带，开挖量巨大。黏土心墙堆石渣坝方案的工程地质条件优于碾压混凝土重力坝方案。

b.工程布置比较。

黏土心墙堆石渣坝与碾压混凝土重力坝两方案枢纽布置格局基本相同，调节库容均能满足蓄能电站的要求。碾压混凝土重力坝占用水库有效库容小于黏土心墙堆石渣坝。

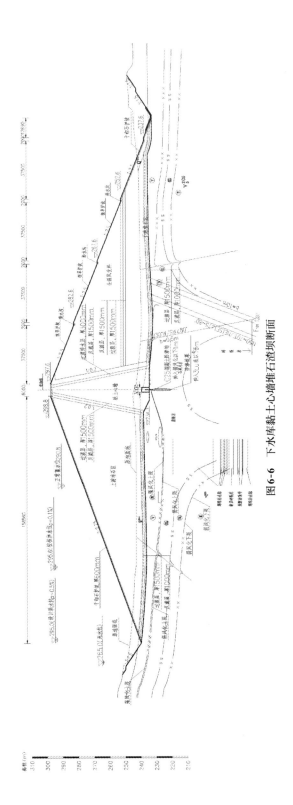

图6-6 下水库黏土心墙堆石渣坝断面

碾压混凝土重力坝虽然坝体相对较小，占用水库有效库容相对较小，但碾压混凝土重力坝基础开挖深，相应开挖量与边坡支护工程量变大，混凝土填筑量远大于黏土心墙堆石渣坝。

从枢纽布置方面来看，两种坝型的布置均无制约因素，黏土心墙堆石渣坝可结合库盆开挖，有效利用土石方料；碾压混凝土重力坝方案泄洪方式布置较黏土心墙堆石渣坝更为便利。

下水库碾压混凝土重力坝与黏土心墙堆石渣坝工程特性及主要工程量见表6-5。

表6-5　下水库碾压混凝土重力坝与黏土心墙堆石渣坝工程特性及主要工程量

项　　目		黏土心墙堆石渣坝	碾压混凝土重力坝
工程特性	下水库正常蓄水位/m	341.0	345
	调节库容/万 m³	593.6	589.6
工程特性	大坝高度/m	91.5	130
	坝轴线长度/m	506.5	570
主要工程量	大坝土石方明挖量/万 m³	154	133
	坝体堆石填筑量/万 m³	662	
	混凝土量/万 m³	1.8	156
	库盆土石方明挖量/万 m³	147.3	

c.施工比较。

从施工条件来看，下水库库盆较开阔，库尾和进场道路附近地形相对平缓，可布置各种施工设施，从填筑料运输通道来看，两个方案施工组织都相对方便。

根据各方案大坝工程量和石料规划来看，黏土心墙堆石渣坝填筑料来源主要为工程开挖料和石料场开采，碾压混凝土重力坝混凝土骨料主要为石料场开采。碾压混凝土重力坝方案上水库土石方总开挖量为133.7万 m³，混凝土浇筑量为156万 m³，需要从石料场开采骨料166万 m³；黏土心墙堆石渣坝方案下水库土石方开挖量为336.7万 m³，总土石方填筑量约为432.7万 m³（压实方），混凝土浇筑量为4.7万 m³，碎石垫层料需要23.7万 m³（压实方），需要从石料场开采骨料287万 m³。从上述可知，黏土心墙堆石渣坝开挖填筑强度大于碾压混凝土重力坝，如下水库都设置人工砂石加工系统，则碾压混凝土重力坝加工系统规模要远大于黏土心墙堆石渣坝，从石料场开采骨料料源石方量较黏土心墙堆石渣坝小。经土石方平衡，黏土心墙堆石渣坝方案比碾压混凝土坝方案开挖无用料多约203万 m^3，弃渣规划困难大于碾压混凝土重力坝方案。从土石方平衡角度看，碾压混凝土重力坝方案更优。

两个方案施工导流条件相近，导流方式和导流标准基本相同，区别不大。

从施工总布置来看，碾压混凝土重力坝方案弃渣量少，库外永久渣场占地面积相对较小，渣场等级较小，更利于安全稳定。碾压混凝土重力坝混凝土用量较多，两个方案拟在上水库建砂石料系统及混凝土拌和系统，从混凝土用量来看，碾压混凝土重力坝的砂石料系统和混凝土拌和系统面积较大。

从施工进度方面来看，两个方案坝体施工工期存在一定差别，但因不处于关键线路上，两个方案对总工期影响不大。

综上所述，碾压混凝土重力坝施工布置简单方便，土石方开挖和填筑强度较小，施工难度不大，施工条件相对简单，弃渣量较小，导流难度和投资与黏土心墙堆石渣坝相差不大。因而，从施工角度来看，碾压混凝土重力坝相对更好。

d.移民征地比较。

从影响人口房屋方面比较来看，黏土心墙堆石渣坝与碾压混凝土重力坝两方案均涉及搬迁移民2户9人，涉及拆迁住房面积均为622 m^2。

从影响土地方面比较来看，黏土心墙堆石渣坝方案涉及永久占地面积约为260.25亩，包括基本农田129.95亩，生态公益林29.91亩；碾压混凝土重力坝方案涉及永久占地面积约为198.47亩，包括基本农田103.63亩，生态公益林41.44亩。碾压混凝土重力坝方案占地面积比黏土心墙堆石渣坝方案少61.78亩。

从征地投资方面来看，黏土心墙堆石渣坝方案上坝区征地投资约为3234.4万元，碾压混凝土重力坝方案上坝区征地投资约为2535.4万元。碾压混凝土重力坝方案投资比黏土心墙堆石渣坝方案少699万元。

综上所述，从建设征地和移民安置角度定性考虑，碾压混凝土重力坝从用地规模及投资上更优，移民安置难度相当，对下水库坝型比选没有制约性影响。

e.工程量及投资比较。

下水库坝型各方案可比投资见表6-6。

表6-6　下水库坝型各方案可比投资

项　目	黏土心墙堆石渣坝	碾压混凝土重力坝
坝轴线	下坝线	下坝线
大坝投资/万元	44728	57618
移民征地投资/万元	3234.4	2535.4
水保/万元	2686	2955
投资合计/万元	50590.4	63108.4

综上所述，下水库黏土心墙堆石渣坝方案较碾压混凝土重力坝方案，用地增加了61.78亩，投资降低了12518万元。

6.2.2　水库淹没范围设计

本节结合上一节的坝型比选方案，继续探索正常蓄水位方案的设计，上下水库不同坝型方案水文及水能参数见表6-7和表6-8。

表6-7　上水库碾压混凝土重力坝与混凝土面板堆石坝水文及水能参数

项　目	单位	碾压混凝土重力坝		混凝土面板堆石坝	
		上水库	下水库	上水库	下水库
正常蓄水位	m	899.0	341.0	897.1	340.9
相应库容	万m³	692.7	709.1	661.6	706.1
死水位	m	860.0	310.0	860.0	310.0
死库容	万m³	121.3	115.4	86.5	115.4
调节库容	万m³	571.4	593.6	575.1	590.6
消落深度	m	39.0	31.0	37.1	30.9
最大毛水头	m	589.0		587.1	
最小毛水头	m	519.0		519.1	
最大净水头	m	588.9		587.0	
最小净水头	m	508.3		508.5	
最大扬程	m	594.9		593.0	
最小扬程	m	521.0		521.2	
最大扬程/最小净水头		1.170		1.166	
平均毛水头	m	556.0		554.8	
连续满发小时数	h	6		6	

表6-8 下水库黏土心墙堆石渣坝与碾压混凝土重力坝水文及水能参数

项　目	单位	黏土心墙堆石渣坝		碾压混凝土重力坝	
		上水库	下水库	上水库	下水库
正常蓄水位	m	899.0	341.0	899.1	341.0
相应库容	万 m³	692.7	709.1	695.4	841.1
死水位	m	860.0	310.0	860.0	310.0
死库容	万 m³	121.3	115.4	121.3	251.5
调节库容	万 m³	571.4	593.6	574.1	589.6
消落深度	m	39.0	31.0	39.1	31.0
最大毛水头	m	589.0		589.1	
最小毛水头	m	519.0		519.0	
最大净水头	m	588.9		589	
最小净水头	m	508.3		508.3	
最大扬程	m	594.9		595.1	
最小扬程	m	521.0		521.1	
最大扬程/最小净水头		1.170		1.171	
平均毛水头	m	556.0		555.3	
连续满发小时数	h	6		6	

不难看出，下水库的坝型选择方案对正常蓄水位几乎不产生影响，所以采用占地面积更少的碾压混凝土重力坝方案；上水库采用碾压混凝土重力坝方案，其正常蓄水位比混凝土面板堆石坝方案高2 m左右，经测算，水库淹没区占地面积增加了约15亩，结合坝区占地面积节约了141亩。综合比较分析，上水库采用碾压混凝土重力坝仍为最节约占地面积的坝型，相较于混凝土面板堆石坝，节约永久占地面积126亩。在工程投资方面，经测算，上水库采用碾压混凝土重力坝坝型，需要增加投资约5380万元。

6.2.3　上下水库连接道路设计

抽水蓄能电站在基本确定各枢纽工程建筑物位置后，方可进行上下水库连接道路设计，上下水库连接道路的选线需要结合当地地形地质条件，尽量考虑连接各永久建筑物，线路要短，转弯要平顺，避开各类环境敏感因素等，因此上下水库连接道路设计上可选择的优质线路不多。本项目对上下水库连接道路拟定了2条可能的路线方案，见表6-9和图6-7。

表6-9 上下水库连接道路路线控制点汇总

路线方案	路线走向	路线里程/km	起点高程/m	讫点高程/m	备注
方案1	C→D→J→K→L	10.38	345.0	907.0	推荐方案
方案2	C→D→K→J→L	11.24	345.0	907.0	比选方案

图6-7 场内永久道路路线方案示意

方案1和方案2的路线前半段（C→I）一致，均沿下水库右岸山坡展线，到达K2+260附近（I点），两方案分别向不同方向展线。方案1向西侧展线，方案2向东南侧展线，最后接上水库左岸。

方案1从下水库坝右坝头（C点）沿下厂冲沟右侧山坡展线，爬坡至K1+500设桥梁跨过下厂冲沟，继续向西边展线至距离厂房约700 m处设隧道（840 m）迂回至厂房排风竖井（J点），然后再往上水库方向展线，途经2#弃渣场（K点）、上水库大坝坝脚，讫点接至上水库进出水口闸门井平台（L点）。

方案2从下库坝右坝头（C点）沿下厂冲沟右侧山坡展线，爬坡至K1+500设桥梁跨过下厂冲沟，继续展线至K2+260附近（I点）设回头弯向东南方向展线，设隧道（800 m）在地下厂房上方穿过，在下厂村南面出洞后途经2#弃渣场（K点）附近，然后往上水库方向展线经过厂房顶附近（J点），途经上水库大坝坝脚，讫点接至上水库进出水口闸门井平台（L点）。

上下水库连接道路主要特性及投资估算比较见表6-10。

表6-10 上下水库连接道路主要特性及投资估算比较

序号	项目		单位	规范值	方案1	方案2	备注
1	桩号范围				K0+000～K10+380	K0+000～K11+220	新建道路
2	里程		km		10.38	11.24	
3	道路等级				场内三级	场内三级	
4	设计时速		km/h	20	20	20	
5	车道数		个		2	2	
6	路道宽		m	3.25	3.25	3.25	
7	路肩宽		m	0.5	0.5	0.5	
8	路面宽		m		6.5	6.5	
9	路基宽		m		7.5	7.5	
10	平曲线	一般最小半径	m	30	25	15	
		极限最小半径	m	15			
11	平均坡度		%	6	5.41%	5.01%	
12	最大坡度		%	9	8.45%	8.21%	
13	设计车辆荷载			公路Ⅱ级	公路Ⅱ级	公路Ⅱ级	
14	设计洪水频率			1/25	1/25	1/25	
15	回头弯		处		2	5	
16	桥梁		座/m		2/（100 m，40 m）	1/100 m	
17	隧道		座/m		1/840	1/800	
18	1#施工支洞连接道路		km		0.22	0	

序号	项目	单位	规范值	方案1	方案2	备注
19	上库坝坝后临时施工道路	km		2.7	2.3	
20	上下水库连接道路估算建安工程费	万元		22440	23980	
21	1#施工支洞施工道路估算建安工程费	万元		224	0	
22	上水库坝坝后临时施工道路估算建安工程费	万元		1289	1035	
23	估算征地费	万元		2830	3002	
24	估算总投资	万元		26783	28017	

上下水库连接道路路线方案优缺点汇总见表6-11。

表6-11　上下水库连接道路路线方案优缺点汇总

路线方案	优点	缺点
方案1	①路线较短、投资较省。 ②路线相对较平顺，回头弯次数较少。 ③对下厂村后面的山坡自然环境影响较小	①需要利用隧道作为回头弯，线型较差。 ②未能兼顾上库坝坝基及1#施工支洞施工，需要增加临时道路长度
方案2	①隧道线型比较平顺。 ②路线展线范围区域相对较集中。 ③便于上库坝坝基、1#施工支洞施工	①路线较长、投资较大。 ②在下厂村后面山坡上下两级道路展线对自然环境影响较大。 ③回头弯设置较多。 ④2#弃渣场处回头弯占用河道，需要对河道进行改造

综上所述，方案1较优，因此推荐上下水库连接道路采用方案1。

此处，采用第5章提到的结合地方道路建设模式同推荐方案（方案1）进行进一步比较。结合地方道路建设是近年来新兴的进场道路建设模式，是由电站的建设单位出资、地方政府立项进行道路建设，这种方式可以大大减少用地指标，缓解地方用地指标紧缺的困境。

本项目若采用结合地方道路建设的模式建设上下水库连接道路，可节约用地约440亩，占整个工程永久占地指标的19.7%，虽然工程投资并未减少，但可节约征地移民投资约3000万元。

相比于推荐方案,采用结合地方道路建设模式制约因素较多,主要包括地方政府的支持、生态红线、基本农田等。

6.2.4 业主营地设计

本工程业主营地的总建筑面积根据《供电劳动定员标准》(试行)和《水力发电厂劳动定员标准》(试行)规定,按定员人数120人、人均占地面积118.86 m²确定。拟定2个设计方案——常规分散布局设计方案和独栋管理楼设计方案,对业主营地的用地规模和相应的投资费用进行测算。

(1)常规分散布局设计方案。

根据抽水蓄能电站管理需求,设计方案分综合楼、运行调度楼和值班室进行布置。其中,综合楼的主要功能包括食堂、办公、会议等;运行调度楼的主要功能包括调度中心及其附属配套的设备用房;值班室的功能是安保值班。

综合楼建筑面积为8405 m²,层数为6层,建筑高度为22.5 m;运行调度楼建筑面积为5798 m²,层数为5层,建筑高度为23.5 m;值班室建筑面积为60 m²,层数为1层,建筑高度为3.5 m。以上建筑物设电梯和步梯,不设地下室。

(2)独栋管理楼设计方案。

独栋管理楼设计方案中的综合楼涵盖了常规分散布局设计方案中综合楼、运行调度楼和值班室的主要功能,地上建筑面积为14263 m²,地下室面积为3680 m²,层数为11层,建筑高度为46.6 m;设电梯和步梯。

两种方案业主营地的功能用房参数对比见表6-12。

表6-12 两种方案业主营地的功能用房参数对比

项目	建筑物	地上建筑面积/m²	地下室面积/m²	建筑高度/m	层数	有无电梯
常规分散布局设计方案业主营地	综合楼	8405	0	22.5	6	有
	运行调度楼	5798	0	23.5	5	有
	值班室	60	0	3.5	1	无
独栋管理楼设计方案业主营地	综合楼	14263	3680	46.6	11	有

两种方案业主营地的平面布置见图6-8和图6-9。

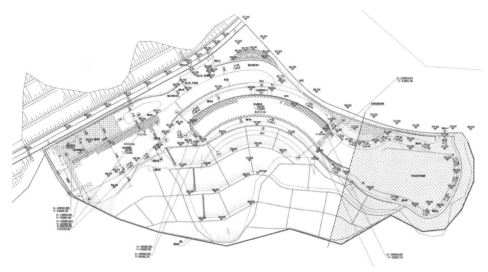

图6-8　常规分散布局设计方案业主营地平面布置

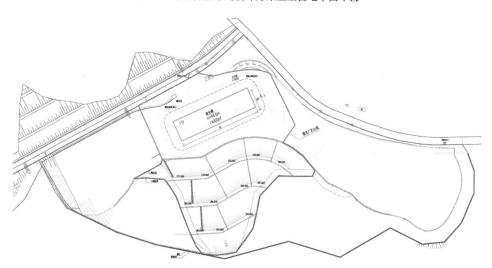

图6-9　独栋管理楼设计方案业主营地平面布置

两种方案业主营地的工程量及投资估算见表6-13和表6-14。

表6-13　常规分散布局设计方案业主营地的工程量及投资估算

序号	工程或费用名称	技术经济指标		估算金额 /万元
		数量/ m²	单位价值/元	
合计	工程费用			10358.91

序号	工程或费用名称	技术经济指标		估算金额/万元
		数量/ m²	单位价值/元	
（一）	1#综合楼、2#综合楼	8405.00	5070.00	4261.34
1	建筑工程	8405.00	3000.00	2521.50
2	装饰工程	8405.00	1000.00	840.50
3	设备及安装工程	8405.00	1070.00	899.34
3.1	电气设备及安装工程	8405.00	200.00	168.10
3.2	给排水设备及安装工程	8405.00	160.00	134.48
3.3	空调设备及安装工程	8405.00	200.00	168.10
3.4	消防设备及安装工程	8405.00	250.00	210.13
3.5	机械设备及安装工程	8405.00	110.00	92.46
3.6	智能化设备及安装工程	8405.00	150.00	126.08
（二）	4#运行调度楼	5798.00	6615.97	3835.94
1	建筑工程	5798.00	3400.00	1971.32
1.1	桩基	5798.00	800.00	463.84
1.2	除桩基外建筑工程	5798.00	2600.00	1507.48
2	装饰工程	5798.00	1200.00	695.76
3	设备及安装工程	5798.00	2015.97	1168.86
3.1	电气设备及安装工程	5798.00	700.00	405.86
3.2	给排水设备及安装工程	5798.00	60.00	34.79
3.3	空调设备及安装工程	5798.00	620.00	359.48
3.4	水消防设备及安装工程	3086.00	130.00	40.12
3.5	气体消防设备及安装工程	2712.00	720.00	195.26
3.6	机械设备及安装工程	5798.00	110.00	63.78
3.7	智能化设备及安装工程	5798.00	120.00	69.58
（三）	值班房	60.00	4130.00	24.78
1	建筑工程	60.00	3000.00	18.00
2	装饰工程	60.00	650.00	3.90
3	设备及安装工程	60.00	480.00	2.88
3.1	电气设备及安装工程	60.00	180.00	1.08

序号	工程或费用名称	技术经济指标		估算金额 /万元
		数量/ m²	单位价值/元	
3.2	给排水设备及安装工程	60.00	60.00	0.36
3.3	空调设备及安装工程	60.00	150.00	0.90
3.4	消防设备及安装工程	60.00	30.00	0.18
3.5	智能化设备及安装工程	60.00	60.00	0.36
（四）	室外工程	40670.00	550.00	2236.85

表6-14 独栋管理楼设计方案业主营地的工程量及投资估算

序号	工程或费用名称	技术经济指标		估算金额 /万元
		数量/m²	单位价值/元	
合计	工程费用			11149.03
1	钻孔灌注桩基础	17943	800.00	1435.44
2	除桩基外建筑工程	17943	2600.00	4665.18
3	装饰工程	17943	1000.00	1794.30
4	设备及安装工程	17943	1560.00	2799.11
4.1	电气设备及安装工程	17943	200.00	358.86
4.2	给排水设备及安装工程	17943	300.00	538.29
4.3	空调设备及安装工程	17943	620.00	1112.47
4.4	消防设备及安装工程	17943	250.00	448.58
4.5	电梯设备及安装工程	17943	110.00	197.37
4.6	智能化设备及安装工程	17943	80.00	143.54
5	室外工程	7000.00	650.00	455.00

根据两种方案业主营地的平面布置图可以明显看出，增加建筑高度，将业主营地设计成独栋大楼的形式，可大大节约占地面积，本项目可节约永久占地面积约40亩。从两种方案的投资对比来看，独栋管理楼设计方案比常规分散布局设计方案的投资多出约790.12万元，增加约7.6%。

6.3 项目用地分析

结合第6.1、6.2节的方案设计,本节对其用地情况进行对比分析。根据该工程原设计方案的用地情况可知,总用地面积为2230亩,其中上水库淹没区用地面积为343亩,下水库淹没区用地面积为408亩,上库坝区用地面积为164亩,下库坝区用地面积为257亩,上下水库连接道路用地面积为441亩,业主营地用地面积为59亩,其他功能区用地面积为558亩。

该工程通过采取各类节地技术和措施,节约了工程占地。经统计,节地应用设计方案最终工程总用地面积为1561亩,节约本项目用地指标669亩,其中上水库淹没区用地面积为358亩,增加用地面积15亩;下水库淹没区用地面积不变;上库坝区用地面积为23亩,节约用地面积141亩;下库坝区用地面积为195亩,节约用地面积62亩;上下水库连接道路节约用地面积441亩;业主营地用地面积为19亩,节约用地面积40亩。

两方案用地面积对比见表6-15。

表6-15 两方案用地面积对比

功能区	原方案/亩	节地应用设计方案/亩	用地变化/亩
上水库淹没区	343	358	15
下水库淹没区	408	408	0
上库坝区	164	23	-141
下库坝区	257	195	-62
上下水库连接道路	441	0	-441
业主营地	59	19	-40
其他功能区	558	558	0
总计	2230	1651	-669

6.4 模式初探

通过各类节地技术和措施,将本工程的用地面积从2230亩减少为1561亩,节约用地面积669亩,节约比例约为30%,节地效果明显。但工程投资随之增加,经初步测算,增加投资约18688万元,其中上水库淹没区增加投资643万元,上库坝区增加投资4737万元,下库坝区增加投资12518万元,业主营地增加投资790万元。两方案工程用地面积及投资变化见表6-16。

表6-16 两方案工程用地面积及投资变化

功能区	原方案/亩	节地应用设计方案/亩	投资变化/万元
上水库淹没区	343	358	643
下水库淹没区	408	408	0
上库坝区	164	23	4737
下库坝区	257	195	12518
上下水库连接道路	441	0	0
业主营地	59	19	790
其他功能区	558	558	0
总计	2230	1561	18688

除工程投资的增加外,减少工程用地的节地技术措施在实际应用中会存在种种困难,如上下水库连接道路的结合地方道路建设模式,需要得到地方政府的支持,且不能占用永久基本农田等敏感区域,因而对于上下水库连接道路的选线要求极为苛刻。

7

总结与展望

7.1 抽水蓄能电站节地技术与模式

本书遵循"节约用地、统筹兼顾、因地制宜、技术可行"原则，依据前文分析的广东省抽水蓄能电站案例和其他行业技术经验，结合实际设计方案对比分析，提炼总结广东省抽水蓄能电站节地设计技术和模式如下。

7.1.1 比选选优型

比选选优型是指通过多方案比选，在综合考虑安全性、技术可行性、合理性、经济性等前提下，优选节约集约用地的方案。

（1）库址比选选优型。

上下水库的几个比选库址相互组合形成多种方案，在库址选择时需要充分考虑节约集约用地。在保障方案不涉及生态红线与保护林地、地形地质条件要与其他比选方案相当、涉及的搬迁安置移民不宜过多、各类水工建筑物的规模不宜调整过大、施工难度及工程量应基本相当、机电设备选择不宜存在制约因素、工程建设经济指标不宜增加过高等前提下，可优先考虑选择用地面积较小的库址方案作为工程推荐方案。

（2）坝型比选选优型。

在大坝坝型选择方面，根据地形地质条件，坝基弱风化层埋深较浅时，坝型宜选择混凝土重力坝。当结合库盆开挖有大量土石方需要弃置时，设计中应按照土石方挖填平衡原则选择坝型。当结合水库地形地质条件，充分利用当地材料筑坝时，可选择面板堆石坝和心墙堆石渣坝。坝型应首选混凝土重力坝，占地面积最小，上游基础垂直，下游坝坡一般为 $1:0.75$；其次是面板堆石坝，上下游坝坡一般为 $1:1.4$；心墙堆石渣坝占地面积最大，上下游坝坡一般为 $1:2.5$。

（3）开关站比选选优型。

开关站位置的选择宜满足以下要求：①宜布置在地质构造简单，风化、覆盖层及卸荷带较浅的岸坡，避开不良地质构造、山崩、危崖、滑坡及泥石流等地区，并应尽量避免高边坡开挖；②应与较好的厂区交通干道连接，方便对外交通；③应选择交通便利的位置，缩短运距，方便施工，缩短工期；④宜选择靠近电站控制中心和业主营地的位置，便于后期的运行管理；⑤应方便对外输电线路的布置和施工，有利于出线；⑥开关站与厂房洪水标准相同，应符合防洪标准。在基本满足以上要求的前提下，可充分考虑选择可节约用地面积的方案作为工程推荐方案。

（4）交通洞及通风洞比选选优型。

在抽水蓄能电站工程设计过程中，交通洞及通风洞可优化洞口边坡，增加支护措施，开挖坡比变陡，边坡范围变小，用地面积就相应变小。

（5）业主营地比选选优型。

业主营地的选址主要影响场地处理中边坡的用地面积，选择地形较为平坦且用地在下水库内的地块可减少业主营地用地中边坡的面积，从而达到节地目的。

7.1.2　存量挖潜型

存量挖潜型强调在不新增建设用地的前提下，对原有低效、闲置土地的再次开发利用，促进土地功能的转型升级。抽水蓄能电站存量挖潜型节地技术和模式如下。

（1）利用已建水库。

库址的选择存在一种利用已建水库的特殊情况。通过对已建水库大坝采取加高加固及其他措施，已建水库就可作为抽水蓄能电站的水库，该模式可大大减少工程用地面积，但也存在多方面的制约因素，需要充分考虑大坝加高加固的难度、输水系统布置难度、施工导流难度、施工期对水库功能的影响、电站经济指标等。此外，还需要考虑原水库的权属、利用、补偿及管理等问题。

（2）库盆开挖。

有些抽水蓄能电站在规划设计时会采取挖库的技术手段，库盆开挖技术可以在保障水库库容的同时，降低正常蓄水位，从而减少水库淹没区的占地面积；并且充分利用当地土料资源，也可节约工程投资。

（3）利用废弃矿坑。

利用废弃矿场的采矿巷道和采空区开发抽水蓄能电站，不仅可以节约大量的土地资源，还可以完成废弃矿场土地整治工作。想要充分利用废弃矿坑，就需要其具有合适的库容、良好的地质条件、与另一个库盆组合具有合适的距高比等天然条件，近年来虽未有工程在建，但已有多个工程正开展前期论证工作。

7.1.3 创新技术升级型

目前可实现节地的创新技术主要为变速机组技术。

抽水蓄能电站的机组一般采用可逆式水泵水轮机，目前国内已建和在建的大型抽水蓄能电站采用的是定速机组。变速机组是指涡轮发电机的转速可以调整的机组，通过改变转速能更好地适应发电和抽水两种运行工况，使水轮机和水泵运行效率提高，也可适应更宽的水头（扬程）变幅和功率范围，从而降低水库水位、减小水面范围。

由于国内抽水蓄能电站变速机组正在研发、投产阶段，所以采用变速机组虽然能够节地，但也会增加机组的投资。

7.1.4 综合利用型

综合利用型是指在不新增建设用地的前提下，对已有的用地结合其他建设需求、施工需求、项目周边其他需求来提高土地利用效率，实现总体节地目标。

（1）结合地方道路建设模式。

近年来个别抽水蓄能电站项目针对进场道路，创新采用了结合地方道路建设模式，其操作方式是由电站的建设单位出资、地方政府立项进行道路建设，道路可作为社会各方交通道路及电站连接道路一并使用，既缩短了电站的建设周期，也方便了当地的群众，还为电站节约了部分用地指标。

（2）弃渣场利用水库死库容进行堆渣。

结合土石方平衡成果、场地地形地质条件、水文条件等，对弃渣场选址进行统筹规划，并要满足环境保护与水土保持要求以及当地城乡建设规划要求。在有条件的情况下，弃渣场可选在水库死库容以下，但不得妨碍施工期导流度汛及永久建筑物的正常运行。

（3）利用库盆内永久占地范围作为料场。

料场开采区域的布置规划以土料、砂砾石料、石料的料场规划开采量为基础，开采区范围界限和开采强度满足施工供料强度要求。存在库盆内和库盆外多个料源可供选择时，在料源的储量、质量及开采运输条件等要素差别不大的情况下，可尽量选择处于库盆内永久占地范围的料场作为开采料源，以有效减少料场用地面积。

（4）利用外购料，减少料场占地。

若工程场区附近及周边存在合适的外供料场，且料源质量、供应规模、交通运输条件等满足工程建设需要，市场供应链成熟稳定，供应价格适中，可通过签订采购供应合同的方式，合理利用外购料，减少工程自身料场占地面积。

（5）利用现状道路作为临时施工道路。

场内施工临时道路路线需要按使用功能统筹规划，根据工程施工期间各类有关建设物资、建筑材料、开挖弃渣、施工车辆、机械设备、重大件等运输的要求确定，在现状道路距工程区相对较近，且条件允许的情况下，可采用改扩建的方式，尽量利用现状道路作为施工临时道路。

（6）其他施工工区利用库盆占地，在蓄水前设置临时施工工区。

当施工生产设施场地布置困难时，可利用水库淹没区场地，布置前期临时施工生产设施，但需要确保该片区所布置的施工生产设施在蓄水后不会继续使用，并在水库蓄水前完成相关拆除及恢复工作。

（7）永临结合，根据用地时序，在永久功能地块上设置临时施工工区。

钢管加工厂、转轮拼装厂、金属结构拼装厂的布置应考虑土建施工和机电设备安装的衔接，可利用前期弃渣形成的永久场地进行布置，场地条件应满足加工及材料堆放的要求。

（8）充分利用当地资源。

施工生产设施需充分考虑利用地方物资转运站、仓库、加工维修企业的生产设施以及地方可利用资源。机械、汽车修配保养可利用当地现有的修配资源。

7.1.5　平面节地型

平面节地型主要是通过紧凑式的规划设计和优化生产工艺，减少项目建筑物或构筑物的占地面积，进而提高土地使用强度，实现合理布局用地。参考其他行业节地技术和抽水蓄能电站道路设计实际经验，可采取如下方法。

（1）合理选择道路等级。

因地制宜分析各个工区的交通量和运输量，按照规定，结合道路定位，依据交通量，优化设计方案，合理选择车道数目和设计时速。

（2）优化设计路基横断面。

在确定了道路建设规模、技术标准和路线走向的前提下，通过优化设计路基横断面来节约用地规模。如在占用耕地区的填方路基，可增设挡土墙，收缩坡脚，从而减少用地面积和工程造价；改进排沟的布置形式，可以减少用地面积。

（3）增加桥隧比例，减少地表用地。

由于每公里桥隧占地面积远远小于路基占地面积，因此，在造价控制范围内，合理提高桥梁和隧道在整条道路中的占比可节约用地面积。

在工程造价控制范围内，以桥梁代填方路基，或在山区地带与重丘陵地带，以隧道代挖方路基可以减少建设用地面积。

（4）优化泄洪设施形式或泄洪设施布置。

根据抽水蓄能电站工程设计，在泄洪设施形式选择方面，混凝土重力坝，泄洪、放空设施采用溢流坝设计，能与坝体结合布置，基本不增加用地面积。

土石坝需要布置单独泄洪、放空设施，如溢洪道、泄洪洞，且应尽量采用泄洪洞方案。泄洪设施中泄洪洞形式用地面积最小，但泄洪洞的泄洪量有限，不适用于泄洪量较大的工程，但部分抽水蓄能电站泄洪量较小，比较适合设置泄洪洞。泄洪洞可结合施工导流，且洞口较小，与溢洪道的泄洪方式相比，大大减少了工程用地面积。

水库泄洪建筑物采用溢洪道形式，溢洪道轴线尽量布置在山脊或平缓地形上，结构形式合理布置，减少高开挖边坡，能有效减少泄洪设施用地面积。

7.1.6 立体开发型

立体开发型是利用土地的地表、地表上空和地下空间进行各种建设。地上空间的利用方式主要是建设多高层建筑等，地下空间利用方式主要是建设地下发电厂房、地下输水系统等。

（1）业主营地可在合理范围内加高楼层，增大容积率。

业主营地中有办公楼、宿舍楼、食堂等生活用房，还有配电房、水泵房等附属用房，可以通过整合功能，加高楼层的方式来减少建筑物占地面积，增大容积率。例如，可整合办公楼、中控楼和安保用房为一栋综合办公大楼；整合单廊的宿舍楼为内廊的宿舍楼；整合水泵房、污水处理房和配电房等设备用房为一栋综合设备房。尽量集中布置建筑物，可减少其占地面积。该法可行性高。

（2）建设地下发电厂房。

抽水蓄能电站机组安装高程低，为使发电厂房结构不直接承受下游水压力作用，避免挡水结构承载大、进厂交通布置困难、用地面积大等问题，若地形地质条件适宜，抽水蓄能电站应优先布置于地下；当地质条件不佳或上覆岩体厚度不满足要求，不宜修建地下发电厂房时，可根据地形条件，将发电厂房布置于半地下或地面。

（3）探索地下空间。

通过建设地下室，将部分功能转移至地下室空间，如停车场、设备用房可以转移至地下空间，以减少占地面积。但是该法推行难度较大，首先，在山地开挖地下室工程的建设难度大；其次，建设地下室投资大，项目业主不会考虑此方案。

7.2　展望与建议

（1）可探索研究抽水蓄能电站节地评价指标体系及用地标准。

本书在遵循"节约用地、统筹兼顾、因地制宜、技术可行"的原则上，总结分析了抽水蓄能电站工程的多项节地技术和模式。然而，抽水蓄能电站受地形、地质、生态环境等条件的限制，在安全第一的前提下，并非最节地措施的才是最合理的，为客观合理地对抽水蓄能电站的用地进行评价，或促进无标准建设项目节约集约用地，切实提高土地利用水平，需要进一步对抽水蓄能电站节地评价指标体系及用地标准进行探索研究。

①抽水蓄能电站节地评价指标体系探索方向。

参考水利水电行业其他节地评价指标体系的研究，抽水蓄能电站节地评价指标体系不能仅以各功能区用地量最少、最节约来衡量，应着眼于各专业工作实际，沿用各专业工作思路和设计使用习惯，合理设置节地评价指标体系，可从安全性、投资规模、经济评价（包括建设成本及运维成本等分析）、施工难度等多方面考虑，构建抽水蓄能电站节地评价指标体系。

②抽水蓄能电站用地标准探索方向。

在优化抽水蓄能电站节地评价指标体系的基础上，可根据优化后的节地评价指标体系合理设置用地标准量化指标，再结合抽水蓄能电站上下水库、大坝、输水系统、厂房系统、泄洪设施、交通道路、生产生活设施等各功能区可能存在的不同的地形、地质等条件，考虑各种可能性，结合省内外案例，分析各用地指标的上限、下限及可能的特殊情况，经过充分论证、案例测试等合理确定用地标准范围。

（2）可探索研究水利水电行业其他类型项目或广东省外其他地区节地技术和模式。

水利水电行业其他类型项目，如堤防工程、供水工程等，与抽水蓄能电站的设计技术不同，其节地技术和模式也具有自身特殊性，本书主要适用于广东省抽水蓄能电站节地技术和模式的分析，并未将研究范围拓展至其他类型项目及其他区域，后期可拓展分析。

（3）本书可能存在时间、空间上局限性。

受前期相关研究少及本次研究时间、空间局限性的制约，本书仅从研究角度对抽水蓄能电站节地技术和模式进行了分析，但不同的抽水蓄能电站项目均具有其自身地形和地质条件等的独特性，本书中所列出的节地技术和模式并不能全部适用，仅供参考。

参 考 文 献

[1] 商大成.毕节地区利用废弃煤矿地下空间建设抽水蓄能电站的研究[D].贵阳：贵州大学，2021.

[2] 王怀章，刘权斌，毕望舒.抽水蓄能电站节地技术与评价方法分析[J].东北水利水电，2019（2）：15—16＋20.

[3] 刘彩红，王翀，曾平，等.丹江口水库水源地生态节地型人工湿地设计——以内乡县温家堰河内源治理与湿地修复工程为例[J].农业开发与装备，2020（3）：77—78.

[4] 杨广宣，张颢骞，李作为.贵州省抽水蓄能电站建设节地评价研究[J].中国资源综合利用，2023（7）：31—33.

[5] 胡新立,司徒菲,张明，等.基于节地的水库水源水厂设计:以湛江市麻章自来水厂工程为例[J].净水技术,2022,41（4）:134—140.

[6] 王志成.水库工程建设征地移民安置规划中节地初探[J].农村经济与科技,2016,27（15）:33—35.

[7] 王美，袁成军，李丹，等.水库枢纽工程建设项目节地评价研究初探[J].陕西水利，2017（S1）：31—32.

[8] 韩飞，黄信楚，方俊.水库枢纽工程建设项目综合节地评价体系的构建[J].安徽农业科学，2016，44（13）:263—265.

[9] 吴子学.水库枢纽建设项目节地评价体系构建应用研究[J].水利建设与管理，2023（4）：28—32.

[10] 张国静.水库水利枢纽项目节地评价[J].华北自然资源，2021（3）：125—126.

[11] 顾信林.水利设施用地节地评价研究[D].南昌：江西农业大学，2018.

[12] 邓雪原.广东抽水蓄能电站周调节性能初步研究[J].广东水利水电，2006 (S1):15—19.

[13] 邓雪原,曾德安.广东抽水蓄能电站建设现状及发展前景[C]// 抽水蓄能 电站工程建设文集.中国水力发电工程学会电网调峰与抽水蓄能专业委员 会，2010:36—41.

[14] 袁鹰，吴伟杰，张伊宁，等.基于AHP－熵权法－TOPSIS的广东省抽水 蓄能站点优选评价[J].广东水利水电，2023（1）:37—42.

[15] 吴伟杰，郑楠炯，张伊宁，等.广东省中小型抽水蓄能电站建设浅析[J]. 广东水利水电，2023（6）:12—14＋30.

[16] 刘钦节,杨卿干,杨科,等.废弃矿井抽水蓄能电站多能互补利用模式及案 例分析[J].采矿与安全工程学报,2023,40（03）:578—586.

[17] 潘军伟,许志卫.五岳抽水蓄能电站利用已有水库的实践[J].水电与新能 源,2020,34（06）:55—56.

[18] 宋世磊.山区抽水蓄能电站上坝公路方案比选分析[J].城市道桥与防洪， 2022（12）:44—46＋50＋13.

[19] 刘泽戈.抽水蓄能电站上下库连接公路选线设计[J].江西建材,2019（05）: 75—76.

[20] 刘文胜,刘玉颖,徐静，等.抽水蓄能电站项目用地分析与思考[J].水力发 电,2023,49（08）:22—26.

[21] 吴梦红.再生能源发电建设项目节地评价方法研究[J].科技创新与应用， 2020（31）:120—121.

[22] 刘文泽,雷逢春,张欣杰.我国建设项目节地评价的实践分析[J].中国土地， 2021（04）:32—33.

[23] 王怀章,刘权斌,毕望舒.抽水蓄能电站节地技术与评价方法分析[J].东北 水利水电,2019,37（02）:15—16＋20.

[24] 汤怀志.公路建设用地集约利用研究[D].北京：中国地质大学,2011.

[25] 刘阳,郎宛琪.我国节约集约用地政策的发展脉络及完善建议[J].中国土地,2022（06）:4－8.

[26] 朱隽,常钦.节约集约用地 严守耕地红线[N].人民日报,2020－06－27.

[27] 董祚继,田春华.解读《国土资源部关于推进土地节约集约利用的指导意见》[J].地球,2014（10）:28－31.

[28] 侯华丽,谭文兵,柳晓娟,等.我国节地技术与模式的类型、挑战及发展路径[J].中国土地,2022（6）:13－16.

[29] 陈炫楷.建设项目节地评价制度优化思考[J].中国土地,2022（6）:58－60.

[30] 傅旭,李富春,杨欣,等.基于全寿命周期成本的储能成本分析[J].分布式能源,2020,5（03）:34－38.

名 词 注 释

1. 国土行业

（1）建设用地规模 scale of construction land。

某个规划区域在一定规划期限内历年用地指标的总和的预期，比如5年、10年或15年的规划期，规划区域可以是某个镇、某个县或某个市域。

（2）建设用地指标 construction land indicators。

用地规模的逐年或逐项的分解计划。

（3）碳达峰 carbon peak。

某个地区或行业年度二氧化碳排放量达到历史最高值，然后经历平台期进入持续下降的过程，是二氧化碳排放量由增转降的历史拐点，标志着碳排放与经济发展实现脱钩，达峰目标包括达峰年份和峰值。

（4）碳中和 carbon neutrality。

某个地区在一定时间内（一般指一年）人为活动直接和间接排放的二氧化碳，与其通过植树造林等吸收的二氧化碳相互抵消，实现二氧化碳"净零排放"。

（5）节地评价 land saving evaluation。

在建设用地项目中，贯彻落实全面提高资源利用效率的要求，充分发挥土地使用标准对建设项目用地的控制作用，促进标准未覆盖或者超标准用地的建设项目合理用地，切实提高节约集约用地水平。

（6）节地技术 land saving technology。

能够在减少土地占用、提高土地利用效率方面达到高于社会平均节地水平效果的工程技术，其本质是资本、科技等要素对土地要素的替代。

（7）国土空间规划 national spatial planning。

对一定区域国土空间开发保护在空间和时间上做出的安排，可分为全国国土空间规划、省级国土空间规划、市级国土空间规划、县级国土空间规划、乡镇国土空间规划五级，以及总体规划、详细规划和相关专项规划三类，也就是"五级三类"国土空间规划编制体系。

（8）主体功能区 main functional area。

以资源环境承载能力、经济社会发展水平、生态系统特征以及人类活动形式的空间分异为依据，划分出具有某种特定主体功能、实施差别化管控的地域空间单元。主体功能区按开发方式，可划分为优化开发区、重点开发区、限制开发区、禁止开发区；按开发内容，可划分为城市化地区、农产品主产区、重点生态功能区。

2. 水利水电行业

1）规划专业

（1）水文设计 hydrologic design。

对降水、蒸发、流量、水位、泥沙等水文气象要素进行定量计算，统计分析水文特性，研究水文现象的形成原理和时空变化规律，对水情自动测报系统进行规划和总体设计，提供工程规划、设计、施工和管理所需水文成果等各项工作的总称。

（2）设计依据站 design basis station。

位于工程场址或其上下游，为工程水文设计提供水文数据的水文测站。

（3）设计参证站 design benchmark station。

工程水文计算所参照移用水文数据的测站，或作为分析论证的对照测站。

（4）径流分析计算 runoff analysis and calculation。

对径流的多年变化和径流年内分配的规律进行定量分析计算的工作。

（5）抽水蓄能电站 pumped storage power station。

利用电力系统的富余电能从下水库向上水库抽水，将电能转换为水的势能储存起来，当电力系统需要时，从上水库向下水库放水发电，再将水的势能转换为电能的一种水电站。按照电网调度的需要可做调峰、填谷、调频、调相及紧急事故备用运行等。

（6）混合式抽水蓄能电站 mixed pumped storage power station。

结合常规水电站新建、改建或扩建，加装抽水蓄能机组的抽水蓄能电站。两种机组可安装在同一厂房内，也可分开。

（7）循环效率 cycle efficiency。

抽水蓄能电站发电量与抽水电量之间的比值。循环效率体现了抽水蓄能电站运行时的能量转换效率，反映了机组和变压器效率、水库和输水系统水量损失、输水系统水头损失和扬程增加值等因素产生的能量损耗。

（8）日调节抽水蓄能电站 daily regulating pumped storage power station。

承担日内电力供需不均衡调节任务，其上下水库水位变化的循环周期为一日的抽水蓄能电站。

（9）周调节抽水蓄能电站 weekly regulating pumped storage power station。

承担周内电力供需不均衡调节任务，其上下水库水位变化的循环周期为一周的抽水蓄能电站。

（10）年调节抽水蓄能电站 yearly regulating pumped storage power station。

承担年内丰、枯季节之间电力供需不均衡调节任务，其上下水库水位变化的循环周期为一年的抽水蓄能电站。

（11）连续满发小时数 continuous full power output hours。

水库所设置的发电库容相应水量可发出的电量与装机容量的比值。连续满发小时数体现了电站的调节性能。

（12）调节库容 regulating storage。

正常蓄水位至死水位之间的水库容积。调节库容一般包括发电库容、综合利用库容和备用库容三部分。

（13）发电库容 power storage。

为满足电站承担调峰、填谷、调频、调相、紧急事故备用等任务而设置的库容。

（14）综合利用库容 multipurpose storage。

为满足防洪、灌溉、供水等综合利用要求而设置的库容。

（15）备用库容 reserve storage。

一般包括水损备用库容和冰冻备用库容两部分。水损备用库容为当正常运行期入库径流无法弥补蒸发、渗漏等水量损失时，为保证抽水发电所需循环水量而设置的水量备用库容。冰冻备用库容为弥补正常运行期因水库结冰占用库容而在上水库、下水库内增设的库容。

（16）发电保证水位 guaranteed water level for power generation。

对于承担综合利用任务的抽水蓄能电站，为保证电站抽水发电正常运行所设置的控制水位。

（17）距高比 ratio between length and height。

上水库进/出水口与下水库进/出水口之间的水平距离与电站平均毛水头的比值。

2）水工专业

（1）输水系统 water conveyance system。

用于电站发电与抽水的进水、引水、尾水的渠道、隧洞、管道及水流控制建筑物。包括上水库进/出水口、引水隧洞、高压管道、尾水隧洞、下水库进/出水口、闸门井、调压室、岔管等建筑物。

（2）进/出水口 intake/outlet。

建于上下水库内用于控制水流的工程设施。抽水蓄能电站具有抽水和发电两种运行工况，进/出水口水流方向是双向的，对上水库在发电时为进流，抽水时为出流。

（3）调压室 surge chamber。

设置在压力水道上，具有下列功能的建筑物：a.由调压室自由水面（或气垫层）反射水击波，限制水击波进入压力引（尾）水道，以满足机组调节保证的技术要求；b.改善机组在负荷变化时的运行条件及供电质量。

（4）上游调压室 headrace surge chamber。

设置在水电站厂房上游压力水道上的调压室。

（5）下游调压室 tailrace surge chamber。

设置在水电站厂房下游压力水道上的调压室。

（6）输水系统 water conveyance system。

将水体从水库引至发电厂房、从发电厂房引至下游水库或河道的通道的总称，包括压力水道及无压水道两种类型。

（7）地下厂房 underground powerhouse。

发电厂房是为安装机组及其辅助设备安装、检修和运行服务的建筑物，建在地面以下洞室中的厂房称为地下厂房。

（8）开关站 switching substation。

布置有输电、配电线路终端和主变压器高压出线的开关设备，能进行电能集中、分配和交换的场所。

3）公路专业

（1）场内交通道路 on-side access road。

为水电工程建设施工及运行管理修建的，联系枢纽建筑物及工程区内部各主要施工作业区、料场、渣场、生产生活区，承担工程区内部施工交通运输和电站运行管理交通运输的道路。

（2）场内主要道路 on-side major road。

连接水电工程枢纽主要建筑物及主要施工作业区、料场、渣场、生产生活区的场内交通道路。

（3）场内非主要道路 on-side minor road。

连接主要道路和施工作业面的场内交通道路。

（4）对外交通专用公路 external traffic accommodate highway。

专为水电工程修建的，联系水电与国家（或地方）公路、铁路车站、水运港口，担负外来物资，人员流动运输任务的公路。

4）征地移民专业

（1）淹没设计洪水标准 design flood standard of inundation。

根据淹没对象的重要性和耐淹程度，为确定水库正常蓄水位以上各种淹没对象受水库洪水回水影响范围而采用的设计洪水频率。

（2）水库回水水面线 reservoir backwater curve。

水库建成蓄水后，坝址以上沿程河段水流受阻壅高，并沿程向上游水库河段延伸，形成库区各河段断面不同的回水水位，将沿程不同断面的回水水位连接起来的曲线。

（3）水船行波 ship waves。

船舶在水库行驶时引起的水体波浪。

（4）水库风浪爬高 height of wave run up。

由风吹引起的水库水面波浪爬升到岸边的高度。

（5）永久征地 permanent requisitioned land。

工程建设因修建永久性建（构）筑物、工程管理和移民安置需要长久占用的土地，水利水电工程建设项目的工程建设区、水库区、移民安置区新址以及工矿企业迁建新址与专业设施复（改）建等需要长期占用的土地。

（6）临时用地 temporary occupied land。

工程建设需要短期（一般不超过 2 年）使用的地。

（7）水库淹没区 reservoir zone。

水库正常蓄水位以下的经常淹没区和水库正常蓄水位以上因水库洪水回水、风浪、船行波、冰塞壅水等产生的临时淹没区。

（8）水库影响区 reservoir-affected area。

水库蓄水引起的水库周边浸没、坍岸、滑坡、内涝和水库渗漏等地质灾害区，以及其他受水库蓄水影响的区域。

（9）水库浸没 reservoir immersion。

由于水库蓄水使水库周边地带地下水水位抬高，导致地面产生沼泽化、盐渍化、建筑物地基条件恶化等次生地质灾害的现象。

（10）水库塌岸 reservoir bank caving。

水库蓄水后或蓄水过程中，受水位变化和风浪作用的影响，引起岸坡稳定性发生变化，导致岸坡遭受破坏坍塌的现象。

（11）水库冰塞水 ice-jam backwater。

因冰花入库后改变水流运动规律，产生的冰塞冰坝引起淹没区水位的抬高。

（12）水库周边滑坡 landslide surrounding reservoir。

水库周边斜坡岩土体沿着贯通的剪切破坏面所发生的滑移现象。

（13）枢纽工程建设区 project construction area。

兴建水利水电工程项目的施工临时用地区和工程永久占地区。